一
步
万
里
阔

黑魔法

巧克力小史

小史

Sarah Moss
Alexander Badenoch

Chocolate

(A GLOBAL HISTORY)

[英] 萨拉·莫斯
[美] 亚历山大·巴德诺克 ———— 著

王梦秦 ———— 译

中国工人出版社

图书在版编目（CIP）数据

黑魔法：巧克力小史 /（英）萨拉·莫斯，（美）亚历山大·巴德诺克著；
王梦秦译 .—北京：中国工人出版社，2022.6
书名原文：Chocolate: A Global History
ISBN 978-7-5008-7920-6

Ⅰ.①黑… Ⅱ.①萨…②亚…③王… Ⅲ.①巧克力糖—历史—世界
Ⅳ.①TS246.5-091

中国版本图书馆 CIP 数据核字（2022）第 089965 号

著作权合同登记号：图字 01-2022-0890

Chocolate: A Global History by Sarah Moss & Alexander Badenoch was first published by Reaktion Books, London, UK, 2009, in the Edible series.
Copyright © Sarah Moss & Alexander Badenoch 2009.
Rights arranged through CA–Link International LLC.

黑魔法：巧克力小史

出 版 人	董　宽
责任编辑	陈晓辰　董芳璐
责任校对	丁洋洋
责任印制	黄　丽
出版发行	中国工人出版社
地　　址	北京市东城区鼓楼外大街 45 号　邮编：100120
网　　址	http://www.wp-china.com
电　　话	（010）62005043（总编室）（010）62005039（印制管理中心）
	（010）62001780（万川文化项目组）
发行热线	（010）82029051　62383056
经　　销	各地书店
印　　刷	北京盛通印刷股份有限公司
开　　本	880 毫米 ×1230 毫米　1/32
印　　张	6.125
字　　数	80 千字
版　　次	2022 年 7 月第 1 版　2022 年 7 月第 1 次印刷
定　　价	52.00 元

目 录

Chocolate
A GLOBAL HISTORY

1

发明巧克力

巧克力可不简单。

　　可可树仅生长在纬度低于20°、海拔低于1000英尺的赤道地带。可可树需要阴凉，它在更高的树下才能生长；它对湿度亦有要求；温度则需要保持在16℃以上。这些条件意味着，在那些大量消费巧克力的国家，可可树在疆域内数千英里的土地上都无法生长。可可树在人工种植条件下无法良好生长，且易患病，一旦患病，数周内整个种植园便会被摧毁殆尽。可可树依靠蚊蠓授粉，未开发的热带雨林地层才最有利于蚊蠓的繁殖。可可豆的豆荚从树干中长出，需要用弯刀小心取下，以免伤到花苞，影响可可豆的后续生长。将皱巴巴的可可豆变成我们食用的棕色闪光条状巧克力板，所经历的时间之长、工艺之精巧，堪称烹饪史之最。而且其诞生过程当中涉及的手工艺操作和高科

可可树。

黑魔法
巧克力小史

技技术，无法在同一国家内实现。在理想状况下，可可豆需要在温暖、潮湿的环境中生长，在干燥、炎热的环境中被烘干。

我们今天熟知的巧克力，是现代社会的产物，其来自现代社会中的两个世界：低报酬的手工劳动和机械化的食品加工；饥饿疲惫的劳工和优雅体面的消费者；生态资源丰富的赤道国家和西方经济强国，以上皆同时存在。欧美人熟悉的巧克力不会出现在赤道国家，而赤道地区出产的可可豆也不会为欧美消费者所了解。

中美洲的巧克力

有证据表明，早期美洲文明曾"驯化"过可可树。索菲和麦克在《巧克力·一部真实的历史》一书中表示，语言学证据揭示了在公元前1500年至公元前400年，居住在墨西哥湾沿岸的奥尔梅克人与可可树之间的联系。温暖湿润的气候孕育了肥沃的土地，这成为复杂精妙的奥尔梅克文明的摇篮。关于奥尔梅克文明的物质证据很少，但我们能在奥尔梅克时期、前古典时期玛雅遗址的陶瓷器皿上瞥见可可豆的踪迹。伊扎潘人是奥尔梅克人的后裔，极有可能是伊扎潘人将可可豆带去了玛雅，250年前后，玛雅人的宏伟城市在种植可可树的低地上建立起来。正是在古典时期的玛雅文明背景下，我们得以回溯现代巧克力神话的源头，这些神话被包裹在五颜六色的包装纸中，记载在通俗历史故事里为人们所津津乐道。

玛雅人对可可豆的消耗不仅有迹可循，而且有图像记录流传下来。玛雅文字在20世纪下半叶被破译。约9世纪，玛雅文明迅速衰落，在西班牙殖民者征服拉美之时，玛雅几乎所有的树皮书和古抄本都遗失了，但陶器上的象形文字和图像证实了古典时期的玛雅人确实食用过可可。许多陶器均在美国宾夕法尼亚州的好时公司（Hershey）实验室接受了检测，以研究其中存

上图：收获可可豆时，需使用弯刀将豆荚小心打开。

左图：玛雅石头浮雕。图案为天神伊扎姆纳带着幻蛇坐在王座上。

在的微量可可碱。可可碱是巧克力中的一种成分,可以保持数个世纪的稳定状态。后古典时期的玛雅,有4本书流传下来,它们揭示了史上第一块巧克力的更多细节。

在玛雅陶器上,我们可以看到可可豆的收获、准备和食用历程。可可豆的挑选、发酵和烘干,都是在种植地附近完成的。随后,经过处理的可可豆便可被长途运输,通常被运往海拔相对较高的地区,在那里,可可豆的消费热情并不会受到距离的影响,至少于富人而言,是为如此。(自巧克力诞生之日起,巧克力生产者和消费者之间的距离便一直存在。)

女性一般负责烘烤豆子,然后用杵在研钵里磨豆。通常在这一步骤中,人们会加入玉米糊、香草、辣椒粉和花瓣调味。糊状的混合物一般会被稀释成饮品,冷热皆宜,亦可被制成粥或汤,甚至待干燥后制成"即溶巧克力",以供人们在旅途中食用。在饮用之前,人们会将其在容器里倒来倒去,直到表层浮起一层

玛雅的可可豆守护神。

泡沫。

坟墓中出土了许多玛雅陶器,它们曾经装满了备好的饮品,而陶器上的象形文字表明了这是给神明的献礼。这些文字描述了陶器的形状、介绍了所含之物,落款处通常会有人名,这说明这些陶器是富裕人士为自己的葬礼准备的祭品。尽管可可豆的价值很高,且有可能作为货币使用,但它并没有成为家族流传的传家宝,而是陪伴自己的主人,走完人生的最后旅程。象形文字显示,可可豆也出现在其他重要活动中,如一些庆典和纪念活动。显而易见,在中美洲的历史中,巧克力是一种非常"灵活"的物质,它或是奇幻如魔法,或是神圣而令人敬畏。我们不妨想一下酒精在当代社会中的角色,酒精不是魔法,却是快乐和意义的象征,它出现在诸多社交场合中,不管是单身派对还是圣餐会,总是少不了人们"把酒言欢"的身影。

在中美洲,可可豆还有其他功能。据传,玛雅人和后来的阿兹特克人都曾将可可豆作为货币使用,它成为黄金的替代品。后世的人们或许能从这一行为中感受到巧克力更大的力量。中美洲遗址出土过公元前1世纪的假可可豆，赝品的出现说明可可豆曾被用于交换其他价值较高的物品（给食材造假是没有意义的）。1521年，西班牙人来到阿兹特克，彼时保存可可豆已成为公认的资金储备方式。从公元前1世纪到公元1521年，这之间相隔了1500年的时光，我们今天距离罗马帝国的衰落，同样相隔1500年。

数个世纪以来，可可豆在中美洲承载的意义和功能并不是一成不变的。可可豆之所以能够参与贸易，是因为它们的产地虽局限于特定区域，但它们却被整个美洲大陆所追捧。此外，可可豆还很容易被保存，既可通过独木舟运输，又可放在人们额头的扎带中。阿兹特克帝国位于今天的墨西哥，它从玛雅文明古典终结期的阵痛中汲取了力量，亦吸收了深受玛雅文明影响的托尔特克人的经验。阿兹特克文明的根基建立于货物贸易之上，而可可豆在中美洲是最为便携、价值广受认可的货物，阿兹特克的统治者以税收和贡品的形式来征收可可豆。

没有人知道阿兹特克人究竟来自哪里。但在14世纪晚期至15世纪晚期，他们在特诺奇蒂特兰，即今天墨西哥城的所在地建立了一个庞大帝国。被帝国征服的地区进献的贡品成就了特诺奇蒂特兰的繁荣，也孕育了复杂深邃、且饱受误解的文化。[1]阿兹特克的统治者在宫廷中采用的等级制度和礼仪规范，在18世纪的凡尔赛宫中也可以看到。阿兹特克人信仰多神教，多神教为神学的进一步发展奠定了基础，不过，我们今天对其宗教文化的理解会不可避免地受到西班牙征服者的阐释的影响。

16世纪中期的一些传教士，尤其是圣方济各会的传教士，他们学习了纳瓦特尔语，并终生致力于研究阿兹特克文明。但时隔600年，哪怕是最严谨的民族志学者，都无法确认在特诺奇蒂特兰被征服之前，阿兹特克帝国的公民究竟过着怎样的生活。本书将回溯

古代墨西哥人饮水用的杯子。

欧洲神话中的巧克力及其文化的源头。

　　1502年8月15日，哥伦布派船员登陆今天的洪都拉斯瓜纳哈岛。最初见证这一幕的记录如今已经遗失，著名的西班牙神父巴托洛梅·德拉斯·卡萨斯根据这些遗失的记录写道："在总督登陆这座小岛的时候，一艘载满了印第安人的独木舟驶来，船帆有8英尺高，船上装满了来自西方的货物。这些货物包括木剑、火石刀、铜制的短柄小斧、铃铛、奖牌、熔化铜用的坩埚，以及在西班牙和尤卡坦被当作货币的可可坚果……"这些印第安来客在看到基督徒的船之后不敢自卫或逃走，于是他们被带到海军将领处，将领拿出黄金，想以此换取信息和当地资源。哥伦布的儿子费迪南提供了常为后世提及的细节："前来进行货物交换的玛雅人的独木舟中，载满了在新西班牙流通的'货币'。他们似乎很珍惜这些褐色的小豆豆，当这些小豆豆被带上船时，我发现，一旦这些小玩意掉在地上，他们就会赶忙弯腰拾起，好像是自己的眼珠子掉在地上一样。"就这样，在欧洲人的脑海中，巧克力便和珍贵的黄金联系在了一起。

不管是费迪南·哥伦布，还是巴托洛梅·德拉斯·卡萨斯，他们的笔记中都记录了这场相遇，而且记录了"原始人"对可可豆的珍视，而在"来自文明世界"的观察者的眼中，可可豆的价值显然不会长久。当地人对可可豆的珍视以及它的货币地位，就像库克船长的记录中，红羽毛之于塔希提人，抑或是欧洲早期记载中，珠饰之于美洲原住民。对当地人而言，由于还没有见过真正意义上的"货币"，所以可可豆才机缘巧合地被赋予了过高的价值。在此，我们得以一览可可豆的"前世"，而其"余生"，关于可可豆的传说开始在欧洲流传。那天的瓜纳哈岛，从一片栖息地摇身一变，成为奢侈食品的产地。哥伦布四处搜寻黄金，留下其他人去破解巧克力的秘密。

法国奢侈巧克力品牌法芙娜（Valrhona）的"顶级产地巧克力"以"绝妙苦味"而闻名，它被命名为"瓜

19世纪的人们关于可可树的想象图，豆荚
内部有甜美的浆液和粒状可可豆。

纳哈"绝非偶然。法芙娜的广告语显得暧昧不清,"瓜纳哈——第一款能讨得苦味爱好者们欢心的巧克力",究竟指的是最早品尝到法芙娜的消费者,还是指第一批登岛的欧洲人?这留给我们无尽遐想。在21世纪,我们堆砌华丽的辞藻来形容那些做工精致的巧克力,而"瓜纳哈"花香般热烈的风味,更能冲击人们的味蕾。

从1519年西班牙人第一次与阿兹特克文明相遇,到他们洗劫特诺奇蒂特兰,不过两年光景。我们对于阿兹特克文明的了解,在很大程度上取决于我们对征服者的理解,但我们无能为力。在今天我们想要真正了解阿兹特克文明之前,这个文明的资料已被悉数摧毁。但有证据表明,在阿兹特克,与大量财富并行的还有类似中世纪欧洲禁奢相关的法令。阿兹特克社会等级划分十分清晰,对于上层阶级来说,他们的奢侈行为受到诸多限制。蒙特祖马二世坐拥奢华宫廷,但那个时代的中产阶级却过着苦行僧一般的生活。阿兹

上图：阿兹特克的彩色"窄腰"直筒花瓶，描绘了宫廷景象。

右图：兔形阿兹特克容器，曾用于盛装可可豆。

黑魔法
巧克力小史

特克社会中的苦行守则已被后世尽数抹去,只留下阿兹特克人奢靡无度、残害生灵的诸多传说。在阿兹特克,巧克力是给那些为国家作出贡献的人准备的,甚至在宴会结束之际,也仅供应极小量的巧克力。

关于巧克力和血的联系,证据相对较少。圣方济各会的民族志学者贝尔纳迪诺·德萨阿贡记载了阿兹特克的宗教仪式。他记录道:"一种由可可和沾有血迹的水制成的饮料,可在最后一舞时充盈牺牲者的心灵,(心形的)可可豆与人类的心脏之间确实存在着某种'形式上的'联系。"胭脂树红是巧克力饮料中的一种传统成分,它是一种从胭脂树的种子中提取出的红色食物色素。但西班牙历史学家戈萨尔沃·费尔南德斯·德奥维多–巴尔德将人们饮罢巧克力饮料时"沾血的"红唇和鲜血联系在了一起。欧洲人对巧克力力量与意义的想象,显然植根于他们对阿兹特克帝国的不安与渴望。

征服后的巧克力

历史学家们一直争辩不休：来自美洲新大陆的新原材料，究竟有没有改变欧洲消费者？欧洲消费者在接受新事物的同时，是不是也在吸收新的文化？换句话说，在殖民主义的时代背景之下，事物究竟能在何种程度上保留它们本来的面貌？论辩结果似乎越发明朗。巧克力从阿兹特克的奢侈品，变成了北欧的重要吃食，但是在巧克力旅途的最初几十年里，无论是近代的欧洲天主教文化，还是日渐式微的中美洲原住民文化，都对于这种"稀有的事物"所带来的风险及其用途有着相似的认知。

根据最早的史料，正如我们预想的那样，欧洲人对于巧克力的态度及看法差异很大。意大利历史学家吉罗拉莫·本佐尼在16世纪中期的尼加拉瓜偶然发现了巧克力，他认为"巧克力不是人喝的，简直是猪的专供饲料！我在这个国家住了一年多，但一口也不想尝它"。

美洲原住民印第安人正在烘焙和研磨可可豆，随后他们将可可豆混合，放在一个有搅拌棒的壶里。

40年后，西班牙耶稣会传教士若泽·德阿科斯塔写道："巧克力饮料上浮着一层泡沫，让那些不习惯食用的人感到恶心。"但西班牙的人们，尤其是更多的西班牙女士们，却对巧克力越发着迷。彼时，在"纯血"西班牙人和克里奥尔人之间，口味偏好已经出现了明显差异。克里奥尔人在西班牙出生，有着西班牙血统，但他们一生中的绝大多数时光却在南美洲度过。

巧克力在让"真正的"欧洲人感到恶心的同时，也成为一种独特的文化，让其他人，特别是女人为之着迷，疯狂地爱上了这种"恶心"的饮料。读到这里，我们可能会认为这是女性对于巧克力痴迷的最早记录，但同时，它也代表着欧洲人对于"原始"的恐惧，他们害怕在帝国的前哨阵地上丢失富有权力的文化身份（cultural identity）。巧克力之于他们，仿佛是新大陆的一位颇具异域风情的女性所调制的一剂魔力饮品。

巧克力与女性之间的联系由来已久。正如我们所见，在中美洲，巧克力一般由女性制作，由男性食用。近期的研究显示，英国维多利亚时代对于咖喱味道的追捧，以及西班牙人对巧克力的痴迷，都缘起于当地的厨师和料理。传教士们如果希望在阿兹特克承担起牧师的社会文化角色，便需要在工作时与巧克力相伴。出于统治需要，西班牙人不得不融入当地，而这种融入的表现之一，便是开始食用巧克力。那为何西班牙女性会更渴望将巧克力饮料一饮而尽呢？17世纪中期，英国多明我会修士托马斯·盖奇用一杯名为"巧克力"的印第安饮品来庆祝自己登陆维拉克鲁斯，同时他讲述了一个关于主教和西班牙裔天主教妇女恰帕斯的故事。

这位主教（也和其他人一样）有点贪婪，但言谈举止间也能体现出其有节制的一面。他迫切希望解决现有教会中的问题，甚至在我离开恰帕去危地马拉的时候，他连命都丢了。

当地妇女似乎都有胃疾，严重到了她们都没法顺利参加完弥撒。在大弥撒的合唱以及讲道期间，她们必须喝一杯热巧克力，或者吃一点甜肉，才能让自己的胃舒服。因此，她们经常在参加弥撒或讲道时让女仆带着巧克力饮料。但巧克力也不是所有人都可以喝的，因为这会让很多人觉得奇怪，还会打扰到弥撒和讲道。后来主教发现了这种情况，警告了她们。他还想设立一条新规定，以开除教籍为惩罚，来惩戒那些在弥撒和布道时吃喝的人。

盖奇和大教堂院长都希望能安抚主教唐贝尔纳迪诺·德萨拉萨尔的情绪。他们认为，这项决定或许会让教徒们对他产生不满，并且会产生诸多问题，进而会在教堂和城市里掀起轩然大波，但主教却不为所动。终于在某一天，"教堂发生了骚乱，许多人甚至拔剑对准了牧师"，女人们"决心退出教会"，还要把神职人员赖以为生的捐款和捐献都带走。接下来的一个月里，主教病了，他回到修道院养病，许多远近闻名的医生都被请来诊疗。医生们得出了一致结论，即主教被人下了毒。主教去世后，盖奇认为幕后主使是一位贵妇——她与主教身边的侍从相熟，侍从用一杯毒巧克力害了主教，原因正是主教刻板地禁止在教堂内饮用巧克力。这则逸事成为巧克力有成瘾性的明证：女性宁愿被惩罚，也不愿意几小时内喝不到巧克力。事实上，这件事描绘了初来乍到、狂热推行改革的西班牙主教与当地上流社会之间的冲突，巧克力不过成了冲突的武器罢了。

　　盖奇继续回忆了他与一位赠予他巧克力的优雅女士的互动。一位贵妇曾送给他巧克力，他当时认为是为了向他表示谢意，因为他教其儿子学习拉丁文，后来才意识到，贵妇是在表达爱意。"这里的女人，从魔鬼那里学到了如何引诱别人，她们向悲惨的灵魂露出诱饵，于是这些灵魂走向罪恶与诅咒。如果这些女人不能获得他们的心，她们便会复仇，要么使用巧克力，要么使用蜜饯，或者其他体面的礼物。"对于巧克力这种让人无法抵御的魔力，盖奇没有着墨过多，他的重点是西班牙人对当地女人及她们的欲望的警惕。

在被征服后的数个世纪里，巧克力饮料在中美洲逐渐流行。17世纪末，巧克力已拥有多重文化含义，尤其是与性别有关的内涵。玛莎·菲尤著有《17世纪末18世纪初危地马拉的巧克力、性别与失序的女性》一书，书中描述了多位女性被指控使用巧克力作为毒药或巫术的案例，这体现出巧克力与各阶层女性之间的紧密联系，而且也反映出巧克力饮料在当时的确极为风行。（就像是在维多利亚时代，人们害怕女性给自己丈夫的茶水中偷偷加"料"。）

17世纪末，在危地马拉的一场审讯中，胡安·德富恩特指控妻子塞西莉亚对自己使用"巫术咒语"。

塞西莉亚并不把胡安当作丈夫看待，而是当作仆人。每天，胡安都在厨房里点火、烧水、制作巧克力、加热食物，一大清早就起床，而他太太却睡到日上三竿。每当塞西莉亚醒来之后，胡安就得呈上一杯巧克力，以便她梳妆打扮之后享用。就这样，胡安变成了一个懦夫，这完全不正常。

巧克力与坏女人之间的联系就这样建立起来了，这些坏女人早上赖床，根本不做家务。巧克力与女性的"不顺从"、奢靡和放纵联系在一起，这些标签已经在现代社会的某些广告中体现得淋漓尽致。有趣的是，在当下，我们已经默认了巧克力成为日常生活的必需品。由此看来，哪怕在巧克力非常普遍的今天，它也代表着一种颇具危险气息的"女性食物"。

巧克力还与某种道德不检点行为有关。在近代欧洲，天主教教徒需要守斋，守斋时不允许充饥。现在我们对干卡路里的认知已非常透彻，能恰当地辨别口渴和饥饿的感觉。但在16世纪、17世纪，天主教徒在守斋期间，会饮用各种形式的汤、稀粥和蛋酒，巧克力这种食物的地位并不明确。可可没有稳定的物理形态。作为一种豆子，它与杏仁相似，部分原因在于在近代欧洲，人们在烹饪时会使用杏仁粉作为增稠剂，而杏仁粉的加工方式与阿兹特克人和玛雅人处理可可豆的方式有相似之处。在旅行时，可可会被做成饼状物和片状物，此时它是固态的。但当其溶解于水中，又变成了粥状或汤状（彼时，茶和咖啡还不为人所知）。可可的文化含义让其形态更为复杂。西班牙人延续了阿兹特克人的传统，以豆子的形式收取贡品，他们发现可可产业在他们的统治下仍有利可图。风俗的力量是强大的，正如我们所见，在罗马教廷开始思考巧克力这种新食物与守斋的关系之前，居住在中美洲的西班牙移民早已养成喝巧克力的习惯。

关于巧克力与守斋的关系，人们众说纷纭。如果像一些作家所说的，只要有巧克力饮料，阿兹特克的商人和士兵便可以不吃不喝步行数天，那么巧克力要么会成为守斋时的理想选择（因为可以帮助人们禁食），要么应该被严格禁止（守斋的目的是承受痛苦，巧克力显然缓解了人们的痛苦）。无论如何，任何对身体产生影响的物质都会影响到健康，有些治疗疾病、缓解症状的物质会在其他情况下产生反作用。在争论之下，巧克力具有催情效果的说法首次出现了。尽管第一批来到美洲的西班牙人称，阿兹特克的精英阶层会食用巧克力"俘获女人芳心"，但在中美洲，没有任何考古学、人类学证据能支持这一说法。当然，如果站在誓要保守贞操的僧侣角度，那么一切的怀疑都是有据可循的，毕竟在他们的观念里，世间的一切食物要么可以帮助人们靠近世俗（肉体）的诱惑，要么可以帮助人们远离诱惑。

近代医学建立在（古希腊名医）盖伦的人体生理学理论基础之上。盖伦是公元2世纪希腊的一位医学研究者，他的医学理论在16世纪、17世纪的欧洲广为流传。他认为以人的体液为依据，人共有"四种气质"，分别是乐观的（多血质者）、易怒的（胆汁质

原住民。

者)、冷静的(粘液质者)、忧郁的(神经质者),每个人的身体状况和个性特征都与这些气质息息相关。人体的功能紊乱和疾病,通常是体液失衡引发的,因此治疗的目的在于让人重新获得体液的平衡。由于食物和药物的分野在现代才逐渐明晰(当然,随着人们对营养食谱与"超级食物"的兴趣逐渐浓厚,二者之间的界限或许会再次消失),所以当时的医生花费了大量的时间精力来跟踪调节患者的饮食。食物对人的身体产生的影响包括加热、冷却、湿润和干燥。例如,胡椒和干辣椒等味道重、辛辣的食物,一般比较干燥,通常与"胆汁质"相关的特性联系在一起;肉和红酒等味道重、湿润或多汁的食物,一般与血液联系在一起,给那些需要增强体质的人食用;牛奶和谷物制成的食物,一般口感独特、味道柔和,可起到冷却、镇静的作用。此外,酸性的、有止血作用的食物,一般具有"干燥""抑郁"的特性(如红酒和茶)。不难想象,热且湿的食物,与渴望性快感、易怒、紊乱和失调有关。冷且干的食物，则倾向于与随和或被动（冷酷）联系在一起，而且还有可能导致伤感、颓废。

正如来自新大陆的绝大多数食物，巧克力在这个分类框架中并没有自己的一席之地。作为热饮时，巧克力常常使用辣椒调味，这时它显然是热的。此外，它要么湿，与血液联系在一起；要么干（作为调料时），与胆汁联系在一起。许多我们熟悉的食物，都可按照"冷—热"谱线划分阵营，但可可的问题在于它既是味涩的豆子，又冷又湿；又是苦味的粉末，又冷又干。根据德萨阿贡的记载，阿兹特克人曾使用可可来治疗发烧和消化系统紊乱等疾病，然而在欧洲人眼中，这两种疾病的治疗方法显然是截然不同的。

巧克力无法被归类的原因就在于实践太过领先于理论。每个人每时每刻都在"吃巧克力"，不管体液特点究竟为何，再多的讨论都显得苍白无力。有些人会将热巧克力晾凉后再喝，有些人会在疲劳和高强度劳动时用它来补充能量。有些人认为巧克力有助于舒缓胃部不适，还有些人认为巧克力能助眠。总之，大多数人都认为巧克力具备某种神奇的功效。在这种背景下，巧克力的用途越发广泛，其中额外添加的成分也越来越多、越来越复杂。最后，人们终于达成一致：食用巧克力需适量，而且其对身体的作用取决于巧克力的成分和烹调方法。当然了，有些人仍坚持认为巧克力并不健康，但这不妨碍其他人将巧克力视为灵丹妙药。

从多种意义上来说，现代社会中的某些事物与巧克力的联系，可追溯到西班牙在南美洲建立殖民地的时代。例如，即使巧克力在当下已非常常见，但这种食物仍会和女性的贪婪与懒惰联系在一起。享受巧克力美味的同时，别忘记它也承载着其他含义：无论是终端产品还是原材料，巧克力生产的背后都是强迫劳动。蔗糖的"黑暗历史"广为人知，而蔗糖与可可豆实际上是不可分割的。在中间航道（Middle Passage）的罪恶与恐怖进入欧洲人文化想象（cultural imaginary）的200年前，巧克力的生产就已经依靠着非洲奴隶作为劳动力。一直以来，巧克力由穷人生产，由富人消费，消费者一般住在距离中美洲主要产地之外数千英里的地方，这导致17世纪的巧克力生产对跨洲奴隶贸易的依赖非常深。

在17世纪，可可豆最初作为一种农作物，在巴西大西洋沿岸的葡萄牙殖民地被种植，并未进入统一管理的种植园。此前，这些豆子由美洲土著在传教士的指导下进行收获，但随着北部的西班牙殖民地对可可豆的需求越发强烈（南美洲的葡萄牙人却从未养成消费可可豆的习惯），密集生产的模式显然效率更高、盈利能力更强。但由于当地的图皮人比传教士更了解脚下的土地，他们可以随时丢下工作离开，所以强迫他们在热带雨林中采集法里斯特罗（forastero）可可豆几乎不可能实现。于是，在热带雨林的环境里以工业级规模运营可可产业便成了难题。在接下来的一个世纪里，耶稣会信徒们开始建立蔗糖和烟草贸易，他们转向了统一管理的种植园模式，让来自西非葡萄牙殖民地的奴隶进行

黑魔法
巧克力小史

劳动。在这种情况下，相较于蔗糖和烟草，种植园的可可豆享有持续性的优势，即其种植、加工过程复杂，不同的环节与步骤让孩子、孕妇、老人、壮年男性都有事可做。可可产业充分利用了不同年龄段的奴隶，从蹒跚学步的孩童，到一条腿迈进坟墓的老人，奴隶们全都劳动起来，最大限度地压榨、剥削了奴隶的劳动成果。随着欧洲对巧克力的不断追捧以及巧克力市场的不断扩张，据统计，大西洋奴隶贸易总量的近10%都流向了巴西的可可豆种植园。

Chocolate
(A GLOBAL HISTORY)

2

巧克力屋

16世纪末，巧克力通过西班牙进入欧洲。为了让巧克力搭上横跨大西洋的航路，首先需要消费者对巧克力产生明确需求。从欧洲与可可豆初次相遇，到巧克力饮料进入修道院、风靡国王菲利普二世的宫廷，整整过去了70年光景。这其实并不奇怪，那些不得不前往新大陆的修士和商人，需要在新大陆生活很长一段时间才能培养出对这种新食品的喜爱，他们回到西班牙后也要用一段非常长的时间才能将这些风味十足的食品推荐给自己的社交圈。修道院建立起了横跨大西洋和欧洲的贸易网络，耶稣会和多明我会负责了巧克力在欧洲的最初传播。

欧洲最早的关于可可豆的记录将其描绘成了一种价值极高的物品，究其原因，不过是可可豆来自新大陆，神秘而新奇，它被包裹在小口袋里，用珍奇鸟类的羽毛和柯巴脂香料装点。经由多明我会传教士引荐，凯克奇玛雅贵族来到了西班牙宫廷，他们将巧克力作为自己的供奉献给国王。来自南美洲的宗教代表去欧洲参加集会时，会给总督、教皇和红衣主教带去"大量财富和礼物"，目的是进行贿赂。[2]到了17世纪的最初几十年，美洲西班牙殖民地的人们常食用的巧克力和其他物品已经逐渐成为跨大西洋航运贸易的一部分。但是货物的数量表明，此时巧克力的消费仍然是精英阶层的小众时尚，并未进入西班牙的大街小巷。

至少在17世纪前半叶，欧洲人食用巧克力的方式与中美洲人别无二致。传统巧克力在制作过程中，会加入香料、香草、辣椒、胭脂染料、耳花等物，最终会被加工成固态物。这一时期的考古证据揭示了在特诺奇蒂特兰，西班牙人会使用一种薄葫芦（瓢）来喝巧克力饮料，或是使用陶杯。西班牙消费者和阿兹特克人、玛雅人一样，都非常喜爱巧克力表层的泡沫，泡沫由名为"莫利尼罗"（*molinillo*）的搅拌棒制成，与殖民时代初期倾倒巧克力出现的泡沫不同。

随着时光流逝，巧克力在西班牙、意大利日渐风靡，那些无法获得或负担原装巧克力的人开始寻找替代品。在中美洲使用的调味蜂蜜，有时可被糖替换；而辣椒也可被来自中东，更为易得的胡椒、肉桂等香料替代；玫瑰花瓣或玫瑰油可用来替代亚马孙的耳花植物。此外，麝香也是制作替代品的必备调料，它既可突出巧克力的奢侈地位，也可模仿中美洲巧克力的独有香气。有时，为了效仿16世纪、17世纪的中美洲人将黏稠的玉米添加到巧克力中，西班牙人也将杏仁、鸡蛋或牛奶添加到巧克力饮料里制成热饮。自17世纪末以来，家庭厨房中处理可可豆的方法开始流传，多数主妇会将可可豆做成稳定的固体以便保存，固态的巧克力块只需要溶解一下便可饮用。

直到17世纪末，巧克力都是极富西班牙特色的食品，尽管100年前的英国和意大利天主教会修士就已经在新西班牙接触了巧克力。在西班牙宗教法庭上，

右图：盛巧克力的杯子。

下图：E. G.斯奎尔：《尼亚加拉》，1852年。
描绘了研磨可可豆的女性。

黑魔法
巧克力小史

法官与被指控为"异端"的人都会被提供巧克力，在公开的刑罚和处决场合中，观众们也会获得巧克力，这被视为西班牙法庭的"特产"。17世纪中期的一篇论述意大利医学的论文对可可豆多有提及，但关于巧克力走出西班牙的真正证据则出现在托斯卡纳大公科西莫三世的宫廷中，在那里，烘焙过的可可豆被碾碎，用茉莉花水浸泡之后与糖、香草和龙涎香一起研磨。大约在同一时期，两位意大利厨师为法国国王路易十三效力，他们带去了咖啡、巧克力和茶。17世纪60年代，路易十四与西班牙公主玛丽亚·特蕾莎大婚，公主的众多随从都有饮用巧克力的习惯，这些人来到了"太阳王"的宫廷。也就是在这里，塞维涅夫人在给远嫁的女儿的知名书信中提及了这款新潮的时尚饮料。

在人们的预想中，17世纪后半叶的英国似乎难以接受这款来自天主教欧洲宫廷的风味饮料。1642年，查理一世退位，英国陷入内战。查理一世通常被认为是一位奢靡无度的专制暴君，其生活作风与他的对手奥利弗·克伦威尔所提倡的新教教徒的生活方式格格不入。尽管存在争议，但主流的清教思想仍将奢侈、放纵和淫欲视为罪恶，并基于这一原则戒除了一些食物（如圣诞布丁）。同时，战争要求人们在厨房中展现出更多的创造性，并且增强了士兵、敌人、逃亡者的流动性，因此人们得以更快地接触新食材。内战结束后，烹饪书籍于17世纪50年代问世，人们对新颖的异域食谱展现出越发浓厚的兴趣。1658年，爱德华·菲利普在著作《英语词汇新大陆》中，将巧克力定义为"一种混合的印第安饮料，主要成分为名为可可豆的水果"。17世纪50年代，第一批巧克力屋建成，这种半公共空间比啤酒屋更为体面，比在家自斟自酌更为社交。叙里先生的巧克力屋名为"东门附近"（neare East gate），其广告传单于1660年在牛津印发，而此时距离英国第一家咖啡屋在牛津开业只过去了10年。其广告被误导性地写为"东印度巧克力饮料的精华"（The vertues of the chocolate East-India drink），广告中许诺：顾客只要购买了这款美妙的饮料，便能保持健康、远离疾病，它可以治疗肺衰竭与咳嗽，可以解毒、保持牙齿清洁、保持呼吸清新，能利尿、治疗尿结石和泌尿系统感染疾病，还能解决肥胖问题，以及治疗肾脏失调等疑难杂症。作者甚至还写了首诗来描绘巧克力对女性的益处：

> 女人，你无需忧伤，
> 费尽心思也怀不上。
> 立竿见影效果好，
> 吃块可可不变老。
> 树上长出棕色宝，
> 天然护肤手不老。
> 一口即可变美人，
> 饮用可可没烦恼。

当时许多昂贵的，或带有异域风情的食物都声称能治疗女性不孕、让女性青春永驻。或许我们不应该阅读太多夸大巧克力功能的文章，但有趣的是，巧克力的广告往往都与它的功效有关，而对于它的独特口味并未着墨太多。在当时，巧克力和咖啡一样，很多时候作为药物来使用，而非家庭日常食用。当然这并不意味着巧克力就像当代医生开的处方药，可以治疗特定疾病，它更像是一种保健品，用来保持良好的身体状况，就像人们睡前喝甘菊茶、工作前喝浓咖啡。

尽管广告词朗朗上口，但巧克力在17世纪的英国主要仍由男性在巧克力屋中消费。曾有人认为，巧克力屋是男性专属文化，虽然绝大多数去巧克力屋的消费者确实是男性，但其实自17世纪末开始，伦敦著名的咖啡屋就由女性经营、有女性工作，直到19世纪咖啡屋演变成私人俱乐部。所以，我们没有理由相信寿命较短的巧克力屋的情况会有什么不同。

在塞缪尔·佩皮斯的日记里，巧克力的重要地位一览无余。1660年1月，他第一次提及巧克力，称有人将

贺加斯:《浪子历程》,1735年。描绘了怀特巧克力屋的活动室。

"大量巧克力"作为礼物留在他家。从那以后，显然如佩皮斯所言，巧克力成为渴望进入上流社会的政客和知识分子的生活中不可或缺的重要物品。1661年4月24日，佩皮斯醒来时写道："我既难过又抱歉，脑海中都是昨晚喝酒的事，于是我起床去找克里德先生，打算一起去喝上一杯，他给了我一些巧克力。"1662年10月17日，佩皮斯在海军效力，事业颇有建树，他与桑威治勋爵聊起自己的成功，随后又和克里德先生一起来到威斯敏斯特大厅，此时，费勒斯上校来了。

我们仨一起去了克里德的房间，坐了好一会儿，喝了巧克力。在喝巧克力时，我得知了宫廷里发生的事。年轻人的地位蒸蒸日上，古板的老家伙们已经不讨人喜欢了。贝内特爵士顶替了爱德华·尼古拉爵士的位置；查尔斯·伯克利得到了私用金；外科医生皮尔斯今天告诉我，有个坏蛋每年给自己的太太300英镑，来确保她能当好自己的情妇。[3]

巧克力成为那些在宫廷和政府里手握权柄的人交换消息时的专属饮料。从这个角度来看，17世纪末的英国的巧克力更像是被征服前的特诺奇蒂特兰的巧克力，与近代中美洲及路易十四凡尔赛宫中的巧克力不同。

18世纪初，英国的烹饪书中开始出现使用巧克力作为原材料的食谱。最开始，英国的食谱只是教人们如何在家制作巧克力屋中特供的饮料，这不禁让人感叹，从西班牙人开始在家效仿制作阿兹特克王室仪典所用的饮料以来，人们的习俗变化之大！1704年于伦敦出版的《成功的女性指导》一书中，曾介绍了这一食谱：

做巧克力的最佳食谱

在酒中加入等量的水和牛奶，混合后煮沸，持续搅拌，直至底部完全沸腾。将巧克力块磨碎后放入酒中，每夸脱酒大致放1—2盎司巧克力。如果你希望它更浓郁，就把它从火上取下，加入两个新鲜鸡蛋黄，再放入

马丁·恩格尔布雷希特：《巧克力饮料》，1740年。

含有精炼糖的玫瑰水，随后用磨棒搅拌，变稠后倒入餐盘。

考虑到有蛋黄和蛋奶糊的加持，这种饮料或许就是现代"热巧克力"的前身。人们在当时使用玫瑰水替代香料，这也许就是玛雅耳花的灵魂，但事实上自16世纪起，玫瑰水在英国就是制作甜食的标准配料。此外，这种饮料也会加糖调味。西班牙式搅拌器莫利尼罗"幸存"下来，继续为人所用。当然，食谱里的巧克力块并不是今天的巧克力块，而是经过加工的固态可可。不难看出，在短短的一二十年里，可可饮料是怎样走进千家万户，变成大众甜品的。

在18世纪初的英国烹饪书中，相似的配料可以以两种不同的方式组合在一起。巧克力奶油的制作方法如下.

将巧克力溶解在少量沸水中，每1/4磅巧克力，需对应加入一品脱奶油和两个鸡蛋，搅拌至沸腾，待冷却后，继续搅拌，让其出现泡沫。

这便制成了英国传统的奶油。另一种组合方式则会制成蛋白饼干。玛丽·基特比的著作《给好太太、好妈妈、好护士的300余种烹饪、药膳、术后食谱》第二版于1719年在伦敦出版，书中介绍了"柠檬和巧克力蛋白饼干"的制作方法：

将半磅精炼糖打细并充分过筛，研磨一大个柠檬皮，之后搅拌蛋白至起沫，将它们混合，静待成形，然后放在纸盘上放入烤箱用小火烘烤，即可制成圆形或长条形蛋白饼干。若要制作巧克力饼干，则需要加入一盎司磨碎的巧克力。

早在几十年前，巧克力就已经被应用于意大利料理中了。伊丽莎白·戴维在她1994年的著作《寒冬腊

黑魔法
巧克力小史

雪：冰和雪的历史》中，提到了一本出版于17世纪初那不勒斯的家庭管理手册，此册由安东尼奥·拉蒂尼撰写，册子中提到了当时巧克力奶油冻的做法：

将等量的巧克力和蔗糖混合，再加入它们总量3倍的水，随后让其冷却，在此过程中可以搅拌。冷却后，巧克力奶油冻就可以上桌啦。

这种奶油冻和巧克力奶油、蛋白饼干一样，作为一道餐桌甜品，其装点门面的作用高过其营养价值，它往往在17世纪和18世纪初的正式聚餐或宴会中压轴出场。这些甜品出现在烹饪书里，无疑说明读者对上流贵族生活的幻想与渴望，尽管他们雇不起训练有素的高水平厨师，但还是希望能够花点钱来改善下口味。这些有着明显阶级特征的行为是欧洲独有的，在中美洲并不容易辨认。

在18世纪的法国和英国，饮用巧克力已经成为早餐的一部分,巧克力蛋糕、蛋挞、慕斯和奶油也日渐风靡。直到17世纪末,英国人都是在午间用正餐(dinner)的,早餐似乎只是随便吃吃剩菜罢了。自18世纪开始,英国人用正餐的时间越来越晚,对贵族而言尤为如此,最终,正餐取代了此前睡觉前才吃的晚餐(supper),于是空出来的时间段便成为午餐(lunch)时间。正餐的时间越来越晚,也就意味着人们要更重视早餐,早餐逐渐成为正式的一餐,而不只是随便吃吃填饱肚子、等待晚上开餐的一餐。上流社会的权贵们往往会在早上10点聚在一起,享用种类繁多的面包、吐司和海绵蛋糕,还配有咖啡或巧克力饮料。

在这样的背景下,精致的银制和瓷制巧克力壶诞生了。巧克力壶和咖啡壶很像,只是为了便于研磨,巧克力壶盖上留有钻孔。这些巧克力壶经常出现在18世纪中期的家庭肖像画中,体现了乔治时代的贵族理想中的内敛的社交风格。赫斯特·思罗尔·皮奥奇记录了塞缪尔·约翰逊对巧克力的喜爱。皮奥奇写道:

彼得罗·隆吉:《晨间热巧》,1750年。

乔治·戴维·马修:《路易丝·弗蕾德里克的
坐姿肖像画》,18世纪70年代。

黑魔法
巧克力小史

他喜欢的饮料，一直以来都是后劲大的，毕竟他追求的不是口感，而是回味无穷……过去12年来，他已经戒掉了蒸馏酒，为了补偿自己，他开始大量食用巧克力，在巧克力饮料中加入大量奶油、放入熔化的黄油。他还喜欢上了吃水果，早上会吃七八个大桃子，晚饭后还会接着吃几个。不过他一直抱怨自己根本没吃够墙栽水果。

有趣的是，巧克力成了烈性饮料的替代品，其地位甚至可以跟桃子这种名贵稀有的水果齐平。在当时，人们若想拥有温室、吃上墙栽水果（wall-fruit），前提是要坐拥可观的庄园地产，聘任技艺娴熟的花匠。

《彭提维里家族》一画展示了18世纪体面的一家人的聚会场面，巧克力壶就放在桌上。但是这种和谐怡然的场面却很少出现在同时期的文学作品中。不管是萨德侯爵还是简·奥斯汀，在他们风格迥异的作品中，巧克力都是腐化、堕落的贵族生活的代

夏彭提尔：《彭提维里家族》，1768年。

让–埃蒂安·利奥塔尔:《巧克力女孩》, 1743—1745年。

名词，这些贵族崇尚奢靡，对穷人的处境漠不关心。（当然，这幅画也可以被解读为锦衣玉食的家庭成员们正在晨间享用奴隶种植的巧克力。）

在巧克力的史料中，萨德侯爵对巧克力的喜爱经常被提及，这成为巧克力是一种催情剂的明证。萨德的小说中经常描写人们在纵欲欢爱时食用巧克力，而当他在狱中给太太写信时，也会急切而重复地索要各类甜食。在色情小说中，人们对巧克力的兴趣往往与食粪癖（coprophagy）联系在一起，而一系列关于巧克力的学术研究也详细地探讨了这种关系。事实上，萨德在与妓女欢爱时，会送给她们一些含有茴香和斑蝥的点心，以此来唤醒情欲。我们没有证据证明这些方法是奏效的，也没有证据表明萨德的行为与其小说有关。萨德在狱中给其太太写信时，多次要求太太送来干净的亚麻布、特定的洗漱用品，以及各式蛋糕和甜品。1779年5月16日，他在信中责骂了萨德夫人，因为她没有履行他的命令。

海绵蛋糕根本不是我想要的那种！我要的是有糖霜的蛋糕，从头到尾，从里到外，就像小蛋糕的糖霜一样。我还要求蛋糕是巧克力馅的，但现在我连巧克力的影子都没见到！请你拿到巧克力蛋糕之后第一时间给我送来，并且保证有可靠的人将巧克力馅料塞到了蛋糕里！蛋糕必须要有巧克力的味道，就好像咬了一块巧克力一样。

1783年6月15日，他写道：

首先，我一定要收到亚麻布，要不然我就越狱。我还要四打酥皮、两打大蛋糕、四打巧克力香草点心，但我可不要你上次拿来的那种味道不可描述的毒品！[4]

稀有名贵的巧克力的支持者曾有言，"迫切需要"巧克力的人，通常需要的都是含糖量极高的巧克力。萨德不会想要最好的南美可可豆，也不会要巧克力壶或搅拌棒。他想要的是一种名为"萨瓦蛋糕"的无脂海绵蛋糕，这种蛋糕糖霜很厚，而且他还想要酥皮、香草和巧克力点心，总之，他想要的都是些费时费工的吃食。萨德嫌他太太送来的东西少，因而恼羞成怒，这也表明他对于狱中物品交换的无能和挫败。萨德的要求让人想起迷路的极地探险家或儿童奇幻小说中的主角，对他们来说，食物取代了金钱与性，成为努力追逐的目标与狂热兴趣。萨德需要巧克力，但萨德也需要手套、药粉、洗漱用品、蜡烛（供全天各时段使用的尺寸各异的蜡烛）和书籍。这些物品与巧克力一样，承载着铁窗后的权力与满足感，它们皆象征着阶级。此外，萨德还要求他的太太将18世纪末法国贵族的标志性服饰送来，以证明自己即使被指控强奸、鸡奸和袭击等数罪，并且极有可能要在狱中度过余生，但他仍是古老制度下的尊贵侯爵。

　　萨德的情况虽属于极端个例，但在18世纪末期，巧克力与贵族的个人及政治恶行之间的联系仍然很强烈。在弗朗西丝·伯尼的第二部小说《塞西莉娅》的开篇，塞西莉娅这位女主人公被设定为"每年继承3000英镑的遗产继承人"，并且其"新兴且富裕的家族财富将会越来越多"。我们在早餐时与塞西莉娅初遇，这是她离开儿时的家前的最后一顿早餐。在第一章里，弗朗西丝努力在读者心目中建立起女主角的贵族形象，而在接下来的数百页中，女主角将会经历无数苦难。巧克力成为叙述的一部分，愚蠢的莫里斯先生在这个年幼富有的贵族面前"急于表现自己"，他"不顾一切，热情地用蛋糕、巧克力等吃食招待她，摆满了整整一桌子"。在简·奥斯汀描绘中上阶层生活的小说中，只有极其富有和专横的蒂尔尼将军享用巧克力。而卡罗琳·奥斯汀在关于史蒂文顿教区生活的回忆录里展现了其对巧克力的认知。那是19世纪70年代，卡罗琳描绘了她的姐姐安娜的婚礼盛况。

那是最好的一顿早餐了：各式面包、热面包卷、黄油吐司、火腿和鸡蛋。另外，巧克力摆在桌子的一侧，而婚礼蛋糕则放在中间，它们是当天举足轻重的美食。[5]

之后，新郎和新娘动身前往他们的新家。巧克力和婚礼蛋糕都不会无故提供给宾客，它们出现在这个场合，其重要意义无需多言。

巧克力既关乎邪恶，又意寓美好，就在欧洲的艺术与文学将巧克力描述成贵族生活不可分割的一部分时，巧克力的普及出现了两个趋势，这将成为其19世纪历史的特征。巧克力迎来了机械化生产的时代，并且再次横渡大西洋，开始在北美被人们消费和生产。

在欧洲，尽管人们自1729年就开始使用水磨机研磨可可豆，但直到19世纪末，多数可可豆仍是手工研磨的。在欧洲各地的城市里，研磨巧克力使用的磨盘与玛雅人使用的磨盘别无二致。巧克力屋中的研磨工人，需要跪下用石碾子将烤熟的可可豆碾碎，这些大多是西班牙系犹太人的工作，他们遭受着贸易协会的

黑魔法
巧克力小史

弗朗索瓦·鲍彻:《早餐》, 1739年。

早期在工厂制作巧克力。

黑魔法
巧克力小史

压迫，直到18世纪末，这些贸易协会仍然在食品生产行业掌握着话语权。1761年，布里斯托的约瑟夫·弗莱（Joseph Fry）在购买了水磨机后扩大了自己的巧克力销售规模，3年后，他在伦敦拥有了一座仓库，并在53个城镇建立起了销售代理商网络。18世纪70年代末，法国数个城镇都已建立起了水动力的巧克力生产作坊。到了18世纪末，德国和奥地利的8个城市也有了巧克力工厂。荷兰的生产者自然是用风车驱动生产的，而西班牙则有骡子驱动的磨坊。使用非畜力驱动来研磨谷物或豆子早已为人们所熟悉，所以当蒸汽机诞生后，它随即被应用于可可豆和小麦的加工。

我们对北美洲殖民地的可可豆知之甚少，但进入北美洲殖民地的可可豆几乎都是从英国进口的（可可豆经由陆路从中美洲运往北美洲是几乎不可能的）。由于运输可可豆的税赋颇高，所以实际运至殖民地的可可豆可能会比官方记录更多。尽管价格非常昂贵，但在17世纪末，波士顿的咖啡馆就已在供应巧克力了，而且我们也可以看到工人阶级拥有可可豆的记录。18世纪中叶商铺的账簿显示，个体商贩会从英国订购小批量的可可豆，同时还会订购糖、茶叶和咖啡。殖民时代的美国是有可可豆磨盘的，但大多数消费者购买的都是块状巧克力，到18世纪末，它们基本上由东海岸城市制作。与英国一样，由于巧克力便携且能量密度高，它们被用作士兵的供给，在美国革命时期，巧克力被交战双方的士兵所消耗。

1765年，当爱尔兰裔巧克力制作工匠约翰·汉南（John Hannan）在马萨诸塞州多尔切斯特的尼庞西特河河边开工时，北美洲第一家有记录的巧克力磨坊便开始运营了。1779年，汉南突然失踪，据传他去了西印度群岛探访可可豆供应商。第二年，詹姆斯·贝克（James Baker）接管了这摊生意。1812年美英战争期间，美欧贸易崩塌了，贝克的儿子埃德蒙接手后，他们的本土巧克力生意急速扩张。1824年，老贝克的孙子沃尔特开始执掌经营大权。现在，贝克家的巧克力生意由卡夫集团（Kraft）所有，仍在北美地区销售。

尽管贝克家族生意的发展壮大得益于巧克力制作技术的兴起，但直到19世纪，美国的巧克力似乎仍只是一种昂贵饮料的基底，当时美国的食谱中也不会将巧克力作为配料。19世纪之后，技术进步让巧克力变身成一种甜味乳制品，一改从前辛辣、苦涩饮料的面貌，这时的巧克力与中美洲的巧克力相比，已经面目全非了。

Chocolate

A GLOBAL HISTORY

3

巧克力工厂

18世纪，可可豆的流动性日益增强，但流入欧洲的可可豆来源仍旧单一——南美洲的西班牙和葡萄牙殖民地。19世纪时，情况发生了变化。可可豆开始在新的地点生长、被加工，这些新地点与可可树的原生生态环境、可可豆的文化环境相去甚远。随着19世纪和20世纪各帝国的形成，巧克力开始在新的渠道流动，并被赋予了新的意义。

一如许多现代物质，巧克力在19世纪也经历了深刻的变革。19世纪伊始，它还是一款"脂肪饮料"，后来它进入工业化大批量生产时代，成为今天消费者们熟悉的含乳巧克力饮料，以及一块块巧克力板。最初在巧克力生产、商业化和市场营销方面大胆创新、推动转型的公司，现在基本仍是行业领军企业。起初，巧克力在欧洲与天主教神职人员、懒散闲适的贵族联系在一起；而后，它走下神坛，成为穷困劳动者的重要吃食和营养补充剂。在这个过程中，一提到巧克力，人们不再只想到非洲丛林与高山草甸，而是逐渐接受了母爱、"紫牛"（purple cows）等新概念。

知名历史学家艾瑞克·霍布斯鲍姆将过去的两个世纪描述为："漫长"的19世纪，从1789年的法国大革命到1914年第一次世界大战爆发；"短暂"的20世纪，从"一战"、俄国革命到1991年苏联解体。如果我们将巧克力用作衡量时间的坐标（就像使用"天"来衡量时间），那么艾瑞克划分时代的具体日期可能会发生变化，但不同历史时期的特点仍大致相似。在"巧克力纪年"中，19世纪的伊始并非攻占巴士底狱，而是南美洲的一系列独立战争，这些战争切断了数条可可豆供应链，巧克力的生产改革序幕由此拉开。而"一战"既没有增强巧克力的影响力，也没有影响其生产情况。巧克力受到的影响更多来自"二战"后国际贸易的冲击，尤其是去殖民化浪潮。我们或许会认为在巧克力产业中，强迫劳动的终结是19世纪的标志性大事件之一，但事实上，这种情况在某些地方并未消失。

革命，不只革命

18世纪末的革命浪潮对巧克力产业链的两端都产生了巨大影响。拿破仑于1806年征服西班牙和葡萄牙，引发了加勒比海地区激进反对西班牙统治的起义。起义在1818年委内瑞拉革命中达到顶峰，并蔓延至美洲大陆北部。许多起义都是由克里奥尔精英领导的，他们坐拥众多可可豆种植园。他们既想要独立、获得自由，又想加强自己对土地的控制力量，避免发生叛乱，毕竟海地就曾发生过奴隶叛乱。讽刺的是，虽然委内瑞拉最终成功独立了，但在争取自由的过程中，很多农场主或是失去了奴隶（很多奴隶被部队征用），或是失去了种植园，抑或是种植园和奴隶都没能留下。由于时局动荡，加之廉价劳动力缺乏，南美的可可豆产量急剧下跌，直到19世纪末包括厄瓜多尔在内的许多新独立国家加入供应国的行列，可可豆的产量才逐渐恢复。

随着中美洲和南美洲可可豆产量的下跌，在拿破仑战争时期，欧洲地区的巧克力消费量也急剧下降。海军封锁使得欧洲大部分地区都无法再进口巧克力，曾经满载可可豆横跨大西洋的西班牙舰队也被摧毁。欧洲的战争结束后，巧克力供应依旧疲软，这是由于人们的收入降低，市场需求也随之下降。同时，南美局势动荡，可可豆的生产进一步受到影响。在之后的几十年里，巧克力一直是一种昂贵的奢侈品。

在很多地方，昂贵的巧克力被其他饮品所取代。咖啡和茶都与巧克力不同，哪怕运输仍被封锁，它们依然能通过亚洲的"后门"顺利进入欧洲，而且价格通常较低。种类繁多的本土产品被制作出来，取代了巧克力这款虽风靡但稀缺的热饮。兰茎茶是由烤过的兰花根制成的饮品，曾在奥斯曼帝国很受欢迎。后来，在19世纪的前几十年里，人们或是由于买不到，或是由于价格过高，没法再喝到巧克力等热饮，英国人便开始生产兰茎茶，这种饮品在英国再度流行起来。兰茎茶不同于咖啡或茶，却和巧克力类似，它很黏稠，而且极富营养价值。菊苣植物的根也被烘烤并酿造成饮料，这类饮品在较贫穷阶层的生活中很常见。在大陆封锁期间，菊苣饮料在德国越来越受欢迎，直到几场战争结束后的20世纪50年代，各阶层逐渐负担得起"真正的咖啡豆"，菊苣才完全脱离了当地的主流口味，不过它在许多地方仍然是一种传统饮料，包括印度，以及更著名的美国新奥尔良。

从16世纪到现在，巧克力的影响力日益增强，其影响力第一次，也许是唯一一次中断，便是由于19世纪初巧克力生产量和消费量的下跌。在那次短暂的中断过程中，由于生产技术的发展，巧克力开始以当代人们熟知的面貌出现。巧克力的脂肪含量过高，以至于多余的可可脂需要在制作饮料时被撇掉，或者用竹芋粉、土

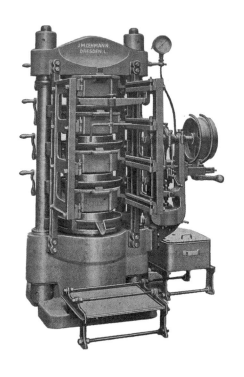

万·豪顿率先设计出的可可豆压滤机。

黑魔法
巧克力小史

豆淀粉或西米粉等淀粉物质吸收。1828年,荷兰人昆拉德·万·豪顿(Coenraad van Houten)开发出一项工艺,使用压滤机便能将可可脂从液态巧克力中提取出来。这种压滤机可将巧克力的可可脂含量从53%降低至27%,于是成品巧克力饮料便能轻松地被制作及售出。此外,万·豪顿还在加工过程中加入了碱式盐(该步骤已成为荷兰巧克力制造的标准工艺),以确保巧克力能和水充分混合,口感更温和,颜色也更深。

　　几乎每部关于巧克力的历史书,尤其是巧克力生产商撰写的巧克力史,都会提到1828年的深刻的生产变革,认为它是巧克力发展史中重要的转折点,在这之后,巧克力的形态及生产模式都发生了翻天覆地的变化。这是由于我们在讲述历史故事时往往习惯于称颂某个发明家的创举、赞叹某些技术上的变革,但万·豪顿发明压滤机并非一蹴而就,自17世纪末,人们就开始了对可可豆压滤机的探索。另外,尽管万·豪顿的可可豆压滤机在后来巧克力生产过程中发挥了重要的作用，但该发明对于万·豪顿本人的财富，以及宏观意义上的巧克力总体生产的直接影响都微乎其微。在此后的很多年里，哪怕是在万·豪顿的故乡荷兰，人们仍然会用全脂巧克力加沸水的方法来制作巧克力饮料。事实上，贯穿整个20世纪，越来越多的巧克力都以今天我们所熟悉的面貌诞生，但在不少地方，人们仍然会使用更为"传统"的方法来制作巧克力。

不把万·豪顿的发明当作革命性事件，而是把它放在大背景下，我们来重新审视当时欧洲巧克力生产和消费的真实状况。最初，这场所谓的"革命"之所以被人们忽略，是因为压榨出的可可脂几乎毫无用处。那时，巧克力生产过程中唯一有用的副产物是可可壳。可可壳经过研磨和烘烤，会成为一种类似茶的廉价饮料，供低地国家和爱尔兰的下层阶级消费者饮用（在那里它被称为"悲苦茶"）。可可壳也可被用作动物饲料，或者被非法混在研磨完的巧克力中，毕竟巧克力价格昂贵，掺杂可可壳可以压低成本。因此，虽然提取可可脂是去除饮料中脂肪含量的有效手段，但这个过程不会产生任何有价值的副产品。

万·豪顿的发明只是巧克力生产机械化和工业化浪潮的一部分，真正领导这场变革的并非荷兰人，而是法国人。早在19世纪初，许多法国个体巧克力生产商便开始了机械化探索，如在研磨过程中使用机器。万·豪顿的机器对该过程确实产生了影响，只是产生影响的方式和地域超出了人们的预料。德累斯顿的J.H.莱曼（J.M.Lehmann）帮助万·豪顿进一步改良了液压技术，他于1834年开始专门从事可可豆加工机械的制造，并成为欧洲领先的制造商。在英国，伯明翰的吉百利公司（Cadbury Brothers）和弗莱公司（J.S.Fry & Sons）分别于1860年、1866年购买了莱曼的机器。在1893年芝加哥举办的哥伦比亚世界博览会上，莱曼的机器参加了展出，美国的糖果制造商米尔顿·斯内夫利·赫尔希（Milton Snavely Hershey）看中了这款机器，展览一结束就将其买下，这标志着他的巧克力事业的全新开端。

　　尽管万·豪顿的压滤机没有一夜成名，但在那个巧克力背负了"不够新潮的负面形象"的时代，他仍然对巧克力的生产倾注关注和付出，委实值得称颂。彼时，虽然面临着"老派"、供应不稳定等问题，但消费者对巧克力的需求并未消失。知名法国美食家让·安泰而姆·布里亚-萨瓦兰于1825年写道，巧克力在法国"已经再普通不过了，尤其是封锁结束后，我们终于不用再吃那些赝品巧克力了"。布里亚-萨瓦兰对巧克力只有溢美之词，还特别强调了巧克力的健康益处。

　　我们需要时间和经验才能证明，精心制作的巧克力有着不凡的健康功效，而且吃巧克力还可以带来愉悦感。巧克力营养价值高、易消化，不像咖啡一样可能会损伤人的容颜。对精神状态不佳的人而言，吃巧克力是个合适的选择，如教授、律师，尤其是旅人。胃弱的人同样适合吃巧克力，据说巧克力还能帮助治疗慢性疾病。

布里亚-萨瓦兰的描述说明了巧克力参与流通的全新社会结构。尽管他特别强调了巧克力的营养价值，但也明确指出，只有以正确方法制成、在恰当时间以合适方式服用的巧克力才能给人健康益处。彼时，巧克力的美味已广受认可，强调巧克力的健康益处就显得恰到好处。但关于巧克力的制作和食用，人们仍有诸多疑惑。这也体现了巧克力定位的模糊，它究竟是一种甜食，还是药品？这个问题一直萦绕在人们的脑海里，几乎持续了整个19世纪。

20世纪上半叶，巧克力的意义和物理形态仍处于不断变化的过程之中。糖果师、点心师和药剂师都想发明些新鲜玩意儿来售卖，而巧克力无疑是个好主意，这些发明也在缓慢地重塑巧克力。20世纪下半叶，率先对巧克力进行革新的不是荷兰人，而是英国人和瑞士人。在英国，弗莱公司率先推出新品种巧克力块，制作方法是将可可脂压榨之后再添加进去一部分。该产品比市面上的巧克力块更湿润，后者由于口感过于粗糙且坚硬，销售情况一直不理想。

瑞士的生产者也在试验，以求制得价廉、味美的巧克力糖果来满足人们日益增长的需求。一些小商家不断改进研磨和混合高品质巧克力的机械工艺，如今这些商家已成为家喻户晓的品牌，例如弗朗索瓦·路易斯·采勒（François-Louis Cailler）和菲利普·祖哈德（Philippe Suchard）。1879年，瑞士人在巧克力生产领域实现了多项伟大突破，其中之一便是我们现在所熟知的牛奶巧克力的发明。采勒的女婿丹尼尔·彼得（Daniel Peter）继承了他的巧克力事业，彼得设计了一台机器，能将奶粉和巧克力混合。奶粉是不久前他的同乡亨利·内斯特（Henri Nestlé）刚刚发明出来的［雀巢（Nestlé）于1929年并购了采勒（Cailler）、彼得（Peter）和科勒（Kohler）三家公司］。彼得最终的产品也使用了可可脂，让其更容易被塑形。鲁道夫·林特（Rodolphe

Lindt）也独立研究出了一种精炼工艺（conching），将液体巧克力放在花岗岩滚筒中缓慢混合、加热，让其口感丝滑、更具风味，最后的成品便是我们今天熟悉的巧克力，林特因此积累了巨额财富，时至今日，瑞士莲（Lindt & Sprüngli）仍是一家独立的著名公司。很多制造商迅速掌握了林特的技术，纷纷购置机器，新式巧克力逐渐流行起来。这些巧克力都需要使用可可脂，可可脂被压榨出来之后，再被重新加回巧克力半成品中。可可脂在新式巧克力制作过程中有了用武之地，而且还逐渐产生了其他商业用途，我们终于可以感叹万·豪顿的发明所带来的变革。可可豆压滤机成为巧克力的制造机器之一，它在巧克力标准化生产环节中的使用也越发普及。

19世纪末，巧克力定型为我们今天所熟知的样子：要么是巧克力块，要么淋在其他甜品之上，其生产流程也没有发生太大变化，几乎所有的大型生产商都沿用了传统的工艺模式。在世纪更替之际，巧克力生产步骤

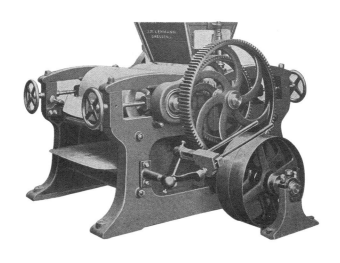

巧克力精炼机，基于鲁道夫·林特1876年的发明。

黑魔法
巧克力小史

基本实现了机械化。巧克力生产的前期步骤一直比较固定：将可可豆分拣、清洗，放入旋转的烤炉中慢慢烘烤，直至出现风味和香气，这也会让脱壳变得容易。随后磨碎烤过的可可豆，用筛网分离可可豆粒和可可壳，再进一步研磨可可豆粒，研磨生出的热量足以将可可熔化，此时便得到了可可原浆，而非干燥的可可粉。可可原浆与糖混合冷却后便可被用于制作巧克力饮料，这种饮料在19世纪上半叶广受追捧。

在现代工艺流程中，可可会被放入万·豪顿发明的压滤机，于是柠檬黄色的可可脂便流了出来，得到了可可块（1920年的一则评论说，如果用它敲人的脑袋，人恐怕会昏过去）。可可块会经历重新研磨（而且还需要碱化处理），然后被加工成可可粉，或者被制成巧克力。制作巧克力需要将可可块与糖融合，在传统工艺中，人们会使用菲利普·祖哈德于1826年发明的混合器——两块放置在花岗岩盆中的花岗岩磨石——来制作，随后在混合物中加入可可脂或其他脂肪，再加入香草、奶粉等物质，经过一系列滚筒装置，最终被研磨成更细的颗粒。该工艺流程的唯一创新来自"二战"后，彼时人们在制造时加入了卵磷脂。卵磷脂是一种乳化剂，一般来自鸡蛋或大豆，卵磷脂可以促进成分混合并提升巧克力质地。巧克力制作的最后一步便是鲁道夫·林特发明的精炼步骤，该过程之前需要花费至少3天时间，如今数个小时即可完成。最后，巧克力会在65℃—70℃的环境下被塑形、回火，随后迅速冷却至40℃，以让可可脂形成抗熔化的晶体结构。

虽然巧克力在一个多世纪之前就有了人们熟知的面貌，但其在社会各消费群体中的普及仍然历经了一段较长的时间。甚至在比利时，直到20世纪末，巧克力才成为工人阶级负担得起的吃食。可可豆越来越平价，巧克力也逐渐被视作一款营养食物和代餐产品。早在1780年，英国政府就授权弗莱公司将其生产的标准巧克力供应给皇家海军，作为一种营养食品和朗姆酒的替代品。多年来，弗莱公司一直非常自豪地宣传自家产

美国士兵在诺曼底给孩子们分发巧克力。

吉百利的广告：巧克力是给中产阶级孩子的一种奖励。

品是军队供给。在"一战"和"二战"期间，巧克力已经完成华丽转身，成为一种大规模、标准化生产的食物，各国公司纷纷极富爱国精神地向国家武装部队供应优质巧克力（当然也赚得盆满钵满）。"二战"期间，军队补给的巧克力展现了士兵们温情柔软的一面：当士兵遇到平民时，他们会把巧克力送给孩子，给予他们父亲一样的关怀，同样会作为珍贵的礼物送给女性。

"变白的"巧克力与资产阶级

正如我们所看到的，从南美洲被征服开始，巧克力就与女性联系在一起，但自19世纪初，这种联系被赋予了新的时代背景。维多利亚时代的巧克力远非17世纪南美洲城市街巷中的"黑魔法"，而是与一种家庭化的女性气质观念联系在一起——这种观念首先由母亲来证明和实现。资产阶级家庭的意识形态是19世纪欧洲的核心，巧克力一如既往地在这个时代的核心里找到了自己的位置。维多利亚时代新潮、受欢迎的广告展示了巧克力生产商如何利用工艺与品牌实现大力发展。

18世纪时，巧克力是贵族的专属吃食，常出现在人们的谈资中。而到了19世纪，巧克力的形象更为"惬意"，成为中产家庭生活的象征。巧克力不再是与肉欲放纵相关的奢侈品，对越来越多的家庭而言，它是一种健康的营养品，是体贴的母亲给孩子提供的爱心食物。巧克力与童年之间的联系贯穿于19世纪。自19世纪中叶以来，巧克力广告中总是少不了肉嘟嘟、圆乎乎、天使一般的孩童形象。对母亲们来说，这种幸福家庭主题的广告有着极强的吸引力，于是这就成为巧克力营销的重要手段。在广告中，巧克力以"营养食物"自居，并且伴随着母性、女性、养育相关概念。19世纪末20世纪初，荷兰巧克力生产商多利是（Droste）在其知名的巧克力商标中展现了护士的形象。

同一时期，巧克力盒流行起来，这也是巧克力作为中产阶级身份象征的有力明证。装在盒中、一口能吃

弗莱的广告，20世纪20年代。

巧克力广告：母乳一般的巧克力。1900年。

黑魔法
巧克力小史

掉的小块巧克力的诞生，其重要意义不亚于巧克力发展史中的技术类创新。1868年，吉百利公司在投入使用万·豪顿的压滤机并扩大生产规模后不久，推出了第一款盒装巧克力。同样是在19世纪60年代，第一批由工厂生产的贺卡开始售卖，贺卡上的图案和最初的巧克力盒上的图案十分相似。巧克力盒设计得比巧克力本身拥有更长的寿命，它们常被用作"小仓库"，供人长期储存一些具有情感价值的物件，尤其是信件，仿佛巧克力是爱的化身，而精致的巧克力盒则是爱的港湾。于是我们便可以发现，与巧克力包装盒深刻的寓意比起来，巧克力的风味和成分简直不值一提。20世纪初，尤其是"一战"后，巧克力包装盒迅速流行起来。带装饰的锡盒的生产成本要比其他盒子低一些，且更为耐用。凯利恬（Quality Street）的锡盒最初生产于1936年，如今英国的许多圣诞聚餐场合中仍少不了它的身影。凯利恬锡盒巧克力的名字及包装图案，都取自《彼得·潘》的作者J.M.巴里的一部经典怀旧戏剧。

英国并不是唯一一个巧克力制造、包装和营销发展齐头并进的地方。布鲁塞尔的巧克力生产商让·诺伊豪斯（Jean Neuhaus，瑞士著名糖果生产商的孙子）发明了一项制作巧克力脆皮的新技术——脆皮里可以填充巧克力或其他果仁。所谓"夹心巧克力"（praline），指的是含有馅料的巧克力。这个名字有时会造成误解，在英语世界中尤为如此，特别是在美国，这个词也指一种含有坚果（一般是美洲山核桃）的甜食。这个词还与杏仁糖（*praliné*）非常相似，后者是一种含有坚果和糖的小甜点，通常被用作巧克力的馅料。这些单词都源于17世纪的法国人马莎尔·迪普莱西–普拉兰（Maréchal du Plessis-Praslin）的名字，据说他的厨师发明了包糖衣的坚果。彼时，甜食在迅速更新换代，人们对生活品质的要求也越来越高，于是这种新式的塞有馅料的巧克力便成为待客之时精致优雅的代名词。而"夹心巧克力"也流传到德国与荷兰，成为"巧克力甜食"的同义词。这种夹心巧克力很快便走出了诺伊豪斯公司，成为比利时知名甜食。列奥尼达斯公司（Leonidas）由一位希腊裔美国人创立于1910年，而歌帝梵（Godiva）于1926年创立，现为一家土耳其公司所有。这两家公司都开始效仿并专门生产夹心巧克力。今天，巧克力制造商们仍没有停下创新的脚步，他们不断开发着更具异域风情的巧克力馅料，如黑胡椒味、酸豆角味等。

吉百利公司的锡盒装饰考究、可被重复使用。诺伊豪斯公司则不同，它在包装上另辟蹊径，推出了新的发明。诺伊豪斯的太太路易丝·阿戈斯蒂尼是一名训练有素的芭蕾舞演员，她用一体式手工折叠小纸盒（ballotin）取代了最初的圆锥形包装纸筒。这种小纸盒并没有申请专利，但直到今天，它都是公认的高端巧克力的象征，尤其是与比利时有着千丝万缕的联系，其中部分原因就在于诺伊豪斯公司的成功。优雅脆弱的纸盒在近一个世纪的时间里专门用于盛放高品质的手工巧克力，而带盖的锡盒也被使用了数十载，成为较低端、大批量生产糖果的标配包装。后工业时代的消费者受精英主义影响，注重形式大过功能，而且他们倾向于选择那些（有时看上去是）手工的产品，而非机械化加工的产品。相对廉价的巧克力放在锡盒中，上面盖有生产机器的章作为标志。章的图案一般是动物或花朵，且带有一些描述，但描述中不会提及巧克力的生产流程。

在凯利恬的产品中，有"橙子味酥脆松露巧克力"以及"手指太妃糖夹心巧克力"。这类新包装的"黑魔法"希望能从黑巧克力的流行中获利，黑巧克力在当时属于小众（且精英）的口味，即一种用黑巧克力作外皮、含有碎榛仁的夹心巧克力。诺伊豪斯的"任性系列巧克力"中则含有松脆的牛轧糖，焦糖和碎榛仁溶化在口中，让人体验沉浸式享受，每一块巧克力在入口前皆经过了匠人的悉心手工打造。英国巧克力手工匠人蒙特祖马（Moctezuma）曾向消费者保证："每块松露巧克力都是手工制作的，我们在制作过程中倾注了百分百的自豪与热情。"巧克力越贵、品质越好，就会经过

回归传统：蒙特祖马巧克力板。

越多的搅拌、浸泡、填充等处理步骤，而便宜货只会像子弹一样，粗暴地从机器里蹦出来。

在19世纪，巧克力的各种形式与包装会与母性、家庭生活和浪漫关系联系在一起，但这仅限于中产阶级和上流社会。当提及工人阶层消费的巧克力时，讨论便会多出几分家长式的做派。巧克力块是用于招待中产阶级和上流社会的女性和儿童的，但是对于工薪阶层的家庭而言，巧克力其实和汤差不多——温热、"有营养"、便宜。巧克力作为一种纯粹且健康的固态食物的替代品获得了人们全新的关注。长期以来，巧克力是南美洲贫困阶层的营养食品替代品（对大多数阶层而言，巧克力是天主教斋戒日里一种过时的"作弊"食物），后来，随着巧克力在欧洲越来越廉价易得，越来越多的人开始消费巧克力。和糖一样，巧克力成为一种"抽象食物"——为工作的身体供能的卡路里。当然，到了19世纪末，巧克力饮料不仅撕掉了闲散、懒惰的标签，相反，它还被认为是促进工业生产和发展的食物。

一篇1906年的论文如是说："可可豆制成的巧克力是所有饮料中最有营养的，它是我们能灵活搭配的最便宜的食物。营养不足的工人、劳动过度的童工都应该多喝巧克力饮料，而不是其他什么咖啡或茶，他们一定能从巧克力中受益。"当然，如果工人们能够通过食用这种"神奇的食物"来保证高效工作，而不再提其他物质需求或要求更好的工作环境，统治阶级也会因为巧克力受益。巧克力不仅是工人的营养食物替代品，而且对于工厂厂主来说，它还是一种绝佳的健康饮料：巧克力不仅能维持工厂运转，还能遏止底层工人的无序动乱倾向。

巧克力作为驱动"男子汉"工作的养料，也颇有讽刺之处。当资产阶级社会的女性和儿童成为巧克力最主流的消费群体时，随着巧克力生产机械化程度的提高，生产过程中繁重的体力活变少，越来越多的女性和儿童逐渐参与巧克力的生产过程。19世纪、20世纪更替之际，在法国、英国和德国的巧克力工厂中，女性已

吉百利的广告，可可是体力劳动者的能量源泉。请注意，工人阶层习惯于用茶托喝饮料。

成为工人主力，童工也占有一定比例。1920年的一篇文章写道："制作巧克力奶油的大部分步骤都是由男性完成的，但我向您保证，挤奶油以及包裹封装等步骤皆由女性完成。包装巧克力是个精细活儿，如果在明亮通风的房间中进行，那无疑是个令人愉快的工作。"这里对有偿劳动的描述听上去像是富裕阶层女性的消遣，类似针线活、装点家居等工作，在颇具美感、几乎像家里一样舒适的环境中完成。很多大公司都以善待员工闻名，给员工家庭式的温暖。吉百利公司会在女性员工婚礼当天送给她们一部《圣经》和一束康乃馨，这一传统至少延续至20世纪。

在19世纪，很多公司希望他们的工厂一方面可以改进生产流程、提高产品质量；另一方面也能改善员工的福祉。值得一提的是，当时英国不断发展壮大的巧克力公司都是贵格会教徒所有的。布里斯托的弗莱公司、伯明翰附近波恩威尔的吉百利公司和约克的朗特里公司（Rowntree）都拥有模式化工厂，为自己的工人提供住房和子女教育资源。此外，这些公司也都积极地反对奴隶贸易，尽管有时候效果不甚理想。米尔顿·赫尔希将慈善资本家的角色做到了极致。自赫尔希在芝加哥世博会购买机器以来，他不仅建造了一家工厂，1903年，他还着手在宾夕法尼亚州打造"好时小镇"，街道两旁笔直的树木，房屋、公园、商店、银行等设施一应俱全。好时小镇的繁荣延续至今，现在它不仅是好时公司的总部所在地，也是好时公司所有的知名旅游景区。

在欧洲，随着越来越多的资产阶级消费巧克力，巧克力不仅融入了"家庭"概念，也融入了"国家"这一概念。人们越发重视本国生产的巧克力，逐渐模糊了可可豆种植的地点。很多广告商会在巧克力与家庭和国家的概念之间建立紧密联系。在标签和广告中，巧克力厂家有时会自豪地将自家产品融入国家或城市景观中，有时还加入嬉笑打闹的孩童形象，这既能体现出乡土情谊，又能体现出母性特质。当法国等国家开始丰富

黑魔法
巧克力小史

在朗特里公司工厂工作的女性。请注意墙
上的装饰品，工厂在努力营造一个和家庭
一样舒适的氛围。

他们的民族传统食谱时,探究巧克力的起源与发展自然成为重要工作。法国巴约讷的本土巧克力文化被重新打造成为当地民俗文化的一部分,在与古老的传统融合之后,巧克力更具神秘色彩。但这种做法往往具有误导性,以瑞士和比利时为例,我们现在经常将它们与巧克力联系在一起,但这两个国家的巧克力既与原产地的天然产品无关,也没有殖民时代可可豆的印记。出于某些原因,瑞士成为巧克力产业创新的摇篮,而比利时则擅长制作并营销夹心巧克力。

巧克力与牛奶之间的联系加强了它与国家的"母性联系"。最著名的例子是,随着19世纪末瑞士巧克力制造业的兴起,巧克力与阿尔卑斯山的风景和奶牛产生了关联。尽管瑞士巧克力的发展建立在现代技术的基础之上,但纯净自然的阿尔卑斯山高山草甸的图像仍将这些产品嵌入了所谓的古老的瑞士传统之中。这些自然的"家乡"风光,总是与女性联系在一起,巧克力广告通过挤奶女工和温顺的奶牛形象进一步加强了这种联系。与之相似的是，在同时期的比利时公司嘉利宝（Callebaut）的一则巧克力广告中，风车和奶牛的场景里出现了一个"典型的"低地国家挤奶女郎形象。然而，这类关注国家景观的视角很快就演变为基于刻板印象的营销策略。彼得公司在美国销售产品时，宣传语为"质量如同阿尔卑斯山一样高"，广告中还有一位阿尔卑斯山登山者的形象，广告盛赞了该产品的"绝对纯净"，还免费附赠《攀登马特洪峰》这一图文并茂的小册子。最终，任何与瑞士的联系都变得多余了，这一点在瑞士小姐（Swiss Miss）身上体现得淋漓尽致。这是一个由西西里家族创办的美国巧克力品牌，自20世纪50年代以来，这一品牌一直利用阿尔卑斯山和挤奶女工的形象来宣传其"欧式特色"。

巧克力纯净、健康的形象被19世纪食品工业中普遍存在的猖獗欺骗行为所削弱。尤其是可可脂的用途为人们所知之后，昂贵的可可脂在过滤后会被直接出售，而动物脂肪、油或蛋黄会作为替代品被添加到巧克力中，这会导致巧克力很快腐烂。此外，厂商还会加入其他物质来增加巧克力的体积和质量，如加入土豆淀粉、米、豌豆粉、可可壳等无害成分，甚至是砖灰、铅丹、朱砂等有毒成分。1850年，英国医学期刊《柳叶刀》测试了一系列工业化生产产品的纯度。试验结果令人咋舌，超过一半的巧克力样品中都含有碎砖块中的红赭石。

《柳叶刀》的实验引起了广泛关注。英国于1860年通过了《食品与药品法案》，并于1872年通过了《禁止食品掺假法》。此外，人们也越发重视巧克力的"纯度"，这也从侧面表明了人们对巧克力可靠品质的重视更多的是对厂商的关注，而非可可豆的起源地。在19世纪初，人们钟情于加拉加斯的纯种克里奥罗（criollo）可可豆，而到了19世纪末，吉百利等巧克力制造商已开始将自己作为招牌，称自家产品具有"纯粹的"巧克力特质。

"黑化"的巧克力——种族、异国风情与奴隶制度

巧克力的"白化",离不开牛奶、孩童、家庭和自然风光,但这并不能抹去巧克力的"黑色",即其中的殖民主义色彩。19世纪北大西洋世界的巧克力的传播和变革离不开可可豆种植经济模式的变化。19世纪末20世纪初,可可豆开始在热带殖民地区普及,巧克力的形象,尤其是在欧洲,许多方面都被"黑化"了。

拉丁美洲的可可豆生产状况并不稳定,投机者希望寻找新的可可豆种植地。可可豆沿着帝国航线来到非洲殖民地以及荷兰在印度尼西亚的殖民地。地理大发现伊始,不同植物便出现在殖民地世界的不同角落(墨西哥的可可豆早在1515年就被带去了印度尼西亚),但直到19世纪,系统的殖民地植物运输网路才建成。葡萄牙人可谓先驱,在1819年巴西殖民地获得独立的前夜,他们就将法里斯特罗可可豆带到了西非海岸的圣多美岛。在随后动荡的数十年里,可可豆在葡萄牙

领地上传播，包括邻近的普林西比岛和西班牙的费尔南多（比奥科岛），后来又登陆大陆，传播至英国、法国和德国的领地。

19世纪末，欧洲巧克力消费的繁荣和欧洲国家对非洲的"争夺"紧密地交织在一起。1910年，可可豆产量达到顶峰，小小的圣多美岛成为全球最大的可可豆出口地。3年后，英国殖民地黄金海岸（加纳）发展迅猛，将其超越。这些可可树基本就是现在的可可树，尤其是1986年，巴西的可可树受到疾病侵袭，绝大多数都被摧毁殆尽之后。科特迪瓦于1904年开始出口可可豆，它和加纳成为重要的可可豆产地，产量约占全球总产量的70%。

巧克力经济的转变也引起了消费者的注意，巧克力成为欧洲人观察帝国的透镜。晚期殖民国家德国和比利时特别强调巧克力的"黑色"。覆有巧克力的奶油甜点被称为"*Negerküsse*"和"*Mohrenköpfe*"，前者意为"黑人之吻"，源于法语；后者意为"摩尔人的头"。德

可可豆种植园的年轻劳工。

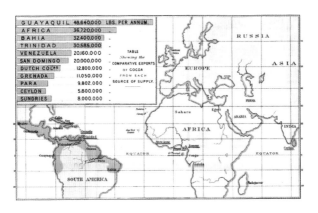

巧克力世界地图，1903年。10年后，可可豆的大批量种植转移到了西非。

国品牌塞洛缇（Sarotti）以塞洛缇摩尔人的形象为人所知，直到现在仍是德国家喻户晓的品牌。塞洛缇摩尔人的形象于1918年问世，彼时的德国刚刚失去了自己的殖民地，这绝非机缘巧合。塞洛缇摩尔人的形象是一个黑色皮肤、身着摩尔式长袍的仆从。最初，这个人物形象带有明显的种族色彩——眼睛夸张地鼓起，以及大红嘴唇。该品牌的风靡与德国的殖民渴望及遐想是分不开的。有趣的是，2004年，这位"塞洛缇摩尔人"被改造为"感官魔术师"——肤色变浅，手中的托盘变为有"魔法"的星星。从前关于非洲奴隶的种族主义色彩的幻想，被替换为同样种族化的关于感性及魔幻的东方的畅想。与之相似的是，1883年，比利时巧克力生产商查尔斯·诺伊豪斯从非洲殖民地黄金海岸回到欧洲后，便将"克特多金象"（Côte d'Or）的形象用于自家巧克力，以指明可可豆的来源地。克特多金象的形象是个异域风情的大杂烩，大象、金字塔、棕榈树，显然都是非洲的特色。这家公司现已并入卡夫食品（Kraft），但仍以其形象标志为荣，尤其是大象，以此来证明其是一个充满"异域风情"的品牌。

虽然巧克力的包装和广告将欧洲消费者对可可豆种植地的幻想与产品联系在一起，但在成品运回非洲时，这些巧克力就会被视为都市精致的精髓以及帝国文明的产物。德国殖民时期的一张流行图像显示，殖民者在非洲用著名的德国产品，特别是玛姆起泡酒和施多威克巧克力让自己"找到家的感觉"。20世纪初，弗莱公司的一则广告描绘了一箱巧克力从一艘失事的英国船只上被冲到非洲海岸边，黑皮肤的当地人围绕着巧克力，他们脸上露出惊叹的神情。在欧洲本土，巧克力也向欧洲人展示了帝国的仁慈。在法国知名巧克力香蕉饮料巴纳尼亚的广告中，一个微笑的塞内加尔士兵喊道："很不错哦！"巧克力的"黑色力量"跃然纸上，彰显了帝国仁慈与文明的影响力。

奴隶劳动，特别是被奴役并被运送至大西洋彼岸的非洲人所从事的奴隶劳动，在18世纪成为支撑可可

"塞洛缇摩尔人"。

"喀麦隆的圣诞节"：巧克力和德国起泡酒一起来到非洲，
作为款待殖民者的奢侈品出现。

黑魔法
巧克力小史

豆种植产业的重要力量，特别是在加勒比海和南美洲东部地区。奴隶贸易反对者们早已发现奴隶贸易与巧克力产业之间的联系，包括吉百利在内的贵格派实业家们长期以来也都在致力于消除奴隶贸易。废除奴隶制是一个缓慢且复杂的过程，贯穿整个18世纪。19世纪初，奴隶贸易在许多国家的法律层面上被禁止，但实际上仍然存在。

哥伦比亚共和国于1851年正式结束了奴隶贸易，委内瑞拉于1854年官方结束了奴隶贸易（后来地主的叛变导致了奴隶制被恢复），葡萄牙直到1875年才宣布奴隶制非法。但无论在哪里，官方的奴隶制禁令都不意味着奴隶制的真正终结。人们常常会漠视法律，或者设计出新的、合法的劳动胁迫制度。事实确实如此，在巴西，直到19世纪80年代，被奴役的劳工仍然是可可豆种植过程中的主要劳动力；而在西非，强迫劳动现象甚至持续到更晚的年代。从某种程度上来说，奴隶制从未在可可豆贸易中消失，只是重新换了种方式。随着跨大西洋的奴隶贸易在19世纪逐渐衰落，西非的殖民地希望能出口其他"商品"，而需求旺盛的可可豆便成了奴隶的最佳替代品。

葡萄牙人带着可可豆和强迫劳动的种植园模式，从巴西来到了西非殖民地。奴隶贸易被官方禁止后，跨大西洋的奴隶贸易就行不通了，但在西非，一切仍正常运转，因为它在国际上是隐形的。1905年，英国记者亨利·伍德·内文森前往葡萄牙殖民地圣多美岛和安哥拉探访奴隶制的真相，随后，他揭露的丑闻震惊了英国巧克力产业。吉百利公司长期在圣多美岛采购可可豆，而且也一直参与奴隶制现状的调查。但当内文森的报道在《哈波斯月刊》发表，以及其专著《现代奴隶制》出版之后，吉百利被公开指控知情参与了奴役行为。1908年，《伦敦标准晚报》的社论指控吉百利继续购买圣多美岛可可豆是虚伪的行为，吉百利以诽谤为由起诉了该报社。在后续的庭审中，吉百利辩驳称他们意识到了圣多美岛上奴役劳工的情况，但作为买家，他们希望能帮

弗莱的海报: 巧克力重回欧洲。

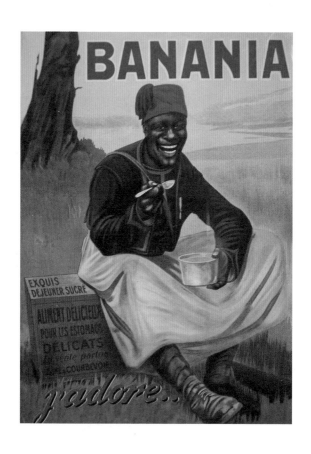

巴纳尼亚的海报，1915年。

黑魔法
巧克力小史

助改善劳工的生存条件（这种说辞也出现在20世纪末从南非撤资的争论中）。陪审团作出了有利于吉百利的裁决，但是公关效果并不尽如人意，而且一法新的赔偿金也显示出法庭对吉百利声称的"利他主义"并没有多少信心。

巧克力走过了漫长的19世纪，在20世纪的一则荷兰广告中发出了一声分裂的喘息。广告的开篇是劝诫母亲的标准用语，提醒她们要给孩子提供"纯粹"且"营养"的巧克力："妈妈们，给孩子吃的食物不仅要可口，还要有营养……给他们提供纯粹的巧克力，含有易消化的脂肪、蛋白质和钙。"产品标签上是一个开心的孩子，产品上还有一个印度尼西亚土著的形象，他们温柔而慷慨地献上收获的可可豆荚。像往常一样，这则广告掩盖了一段更复杂的关系。这种母性的/殖民主义的善意想象其实颇具讽刺意味，或许不是巧合，不久之后，印尼政府将荷兰人的可可产业国有化，荷兰人被正式地驱逐出他们的前殖民地。

Chocolate
A GLOBAL HISTORY

4

巧克力包装

"二战"结束后,巧克力的形式和寓意都以人们熟悉的面貌出现了。20世纪下半叶,巧克力在西方世界成为再平常不过的食品,数百万人每天都会买巧克力。对巧克力公司而言,它们迫切希望找到方法来提高这种人们熟悉的产品的销量,巧克力的寓意不断发生变化。巧克力的生产和消费在全球范围内普及,每个国家的消费风格和模式都有着强烈特色。巧克力的起源,尤其是它的拉丁美洲根源,最初被蒙上异域风情的面纱,随后又在漫长的19世纪中被消磨殆尽。现如今,伴随着人们对原创手工制品的青睐以及对公平贸易的重视,巧克力重返潮流舞台。

　　从经济角度来看,战后巧克力产业的发展特点便是日益全球化。由于对气候环境要求苛刻,可可树只能在某些热带区域种植。第二次世界大战扰乱了巧克力的供应和需求，战后，全球消费市场扩张，日益强大的跨国公司开始渗透各国市场。如今，阿彻丹尼尔斯米德兰（Archer Daniels Midland）、嘉吉（Cargill）、百乐嘉利宝和雀巢4家公司经营着全球一半以上的可可豆，面向食品行业供应大量考维曲巧克力（*couverture*），这种巧克力原材料熔化后可用于制作各式巧克力糖果。此外，许多100年前知名的巧克力生产和销售公司，今天都已成为大型跨国公司的下属品牌或公司。例如，总部位于美国的行业巨头卡夫食品旗下拥有祖哈德、克特多金象和贝克（Baker's）等品牌。除了这些基本上不被消费者注意的主要行业供应商之外，个别产品，诸如火星巧克力棒，在全球范围内都大受欢迎（尽管在不同国家有不同形式）。讽刺的是，大多数美国人都将巧克力碎视为有国家特色的本地产品，但实际上，大多数巧克力碎都和瑞士巨头雀巢脱不开关系。

巧克力的全球化并不总是它看上去的那样。好时巧克力被很多美国人当作巧克力的标杆，而实际上，它的

商店货架上的甜食。

微酸风味在美国以外的地方并不受欢迎。英国于1973年加入欧洲共同体，当时英国的巧克力中牛奶和植物油脂含量过高，不符合销售标准，有人将这种巧克力命名为"家庭牛奶巧克力"（一如既往地强调巧克力与牛奶和家庭生活的联系）甚至"蔬菜巧克力"（vegelate）。关于英国巧克力的争议直到2003年才得到解决，当时欧盟裁定不允许其他国家将英国巧克力标为"巧克力替代品"，因为它含有植物油脂。除却这些地区差异，世界上还有很多地方的巧克力，口味和形态都异于欧洲和英语世界的巧克力。

特立尼达岛曾经是吉百利最重要的种植园所在地，现在一些当地人仍在饮用他们口中的"可可茶"，即一种用巧克力压滤饼制作的饮料，与19世纪人们喝的饮料非常相似。非洲目前是世界上绝大多数可可豆的种植地，但在那里，巧克力的消费量并不多。阿拉伯世界和亚洲也是如此。日本则是个例外，日本的人均巧克力消费量虽然远低于北欧，但可以与欧洲曾经的巧克力消费中心西班牙和葡萄牙相提并论。

值得一提的是，在1945年之后的很长一段时间里，巧克力生产的"全球"趋势，更多是指"铁幕"西侧的国家，但这不意味着东方集团（Eastern Bloc）就没有巧克力。"铁幕"另一侧最知名的巧克力工厂，当属位于莫斯科核心区域的红色十月工厂（Red October）。该工厂最初由一位德国糖果制造商创立于1867年，1918年革命后停产，后来改名为"红色十月"并恢复运营。这家工厂很快便生产了一批时兴的零食糖果，带有强烈的俄罗斯民族特色。红色十月的巧克力逐渐流行，主要产品有印有玩耍的小熊图案的巧克力，以及阿廖卡大头娃娃系列巧克力，阿廖卡这个名字很可能源于包装纸上的小女孩的名字。

巧克力之乡：绚丽的童话与苦涩的现实

在1991年的《辛普森一家》的一集中，一个德国财

红色十月工厂的怀旧巧克力盒广告。

黑魔法
巧克力小史

团接管了斯普林菲尔德的核电站，新的管理者要求核电站安全监督员霍默进行述职。当霍默提出改进公司的零食机而不是核安全的建议时，经理们礼貌地笑了笑，对霍默的建议表示赞同，并告诉他"我们来自'巧克力之乡'"。这句话引起了霍默对"巧克力之乡"的遐想：在那个童话小镇里，一切都是由巧克力制成的，他想象自己和复活节兔子一起玩耍，几口就吃掉了巧克力路灯、消火栓，甚至一条巧克力小狗。在那个巧克力天堂里，最幸福的事情莫过于所有巧克力都是免费的，贫瘠的想象力让霍默最终找到了一家半价巧克力店。

《辛普森一家》总能敏锐地洞悉当代社会议题。德国人在动画中将自己的故乡视为"巧克力之乡"，而在现实世界中，恐怕没有几个德国人会自诩为"巧克力之乡"的公民，但这并不意味着德国人认为他们的本土巧克力品牌比那些外国货差。德国确实拥有源远流长的本土巧克力产业，但美国人却对德国巧克力存在误解。所谓的"德国巧克力"（German chocolate）实际上指的是

"杰曼的甜巧克力"（German's Sweet Chocolate），是由英国人塞缪尔·杰曼（Samuel German）于1852年发明的一款甜味巧克力块，美国贝克公司至今仍在生产。1957年，在得克萨斯州达拉斯的报纸上，一份以这种巧克力为基础、用椰子和山核桃制作的巧克力甜品食谱被错误地印成了"德国巧克力甜点"。从那以后，这款巧克力便有了日耳曼民族的联想。如今，"德国巧克力"已成为高品质巧克力的代名词。

霍默的幻想之地并非凭空捏造的。这个故事塑造了主人公孩子气的形象，并且重塑了儿童文学中的糖果王国，只不过没有涉及《格林童话》中诸如《查理和巧克力工厂》或《汉赛尔与格莱特》等故事的黑暗面罢了。厂商希望找到新方法向成年人推销巧克力，他们开始借助异域神话中的乌托邦。20世纪80年代，雀巢在美国生产了第一块白巧克力，其广告会让人们联想到马科斯菲尔德·帕里斯描绘的天堂，有群山、湖泊和大理石，画面是精致的浅色调。正如上一章中的塞洛缇"感

《查理和巧克力工厂》，2005年。

吉百利于1927年分发的手册封皮：巧克力的起源地成为旅游景点。

官魔术师"，许多异域乌托邦皆呈现出热带风光，这也是巧克力广告中的常见场景。20世纪七八十年代，美国周六早间卡通片观众可能会记得家乐氏早餐广告中的大象的长牙，或是其他谷物广告中的丛林动物。克特多金象的网站上有一则广告：一个人腾空而起，脚下是一片非洲乐土，这个桃花源的一切皆由巧克力制成，大象、跳舞的土著和绵延的巧克力河流，都在这片巧克力大草原上一览无余，背景音则是土著的鼓点声。

这些异国情调与人们对巧克力的起源和历史的认知有很大关系。大多数巧克力厂商的网站上都有介绍"巧克力故事"的短片，短片会概括巧克力的发现以及生产流程。例如，在比利时哈雷市的克特多金象工厂中，一座"巧克力圣堂"于1996年向游客开放，人们可以参观托尔特克神庙、西班牙无敌舰队以及20世纪初的巧克力工厂。这趟虚拟的巧克力之旅不曾在非洲停留，但该品牌的无数图像，乃至可可豆的原产地都来自非洲。这些巧克力故事大都会谈及异国情调及古老的可可文化，却鲜少涉及当下塑造巧克力的人群。新西兰的"巧克力设计师"布鲁姆斯贝里公司（Bloomsberry）以时髦的语言接受了全球化的地理观点。他们兴高采烈地宣布："幸好，可可树只生长在热带地区，那里常年温暖湿润（海滩景色优美），但收获却是满头大汗、灰头土脸的体力劳动，不幸的是，我们没法帮上忙，因为我们被紧急召回装有空调的总部参加重要的会议。"因此，在他们的"100%无负罪感"品牌巧克力的宣传中，提及了可回收的包装纸、无动物实验，但对可可豆种植工人的工作环境只字不提，这并不奇怪。

对可可豆来源的重新强调并不会抹去巧克力的国家特色。巧克力贸易的全球扩张，使得国家特色成为巧克力品牌的重要组成部分，其中，以瑞士、比利时和法国最具代表性。现在，我们更加重视巧克力等食品的产地，至于是真是假，倒是无所谓。因此，美国食品行业巨头康尼格拉（ConAgra Foods）在其旗下品牌"瑞士小姐"的包装上强调了"瑞士特色"（该品牌实

巧克力的奇幻世界:"巧克力神庙"。

帕特里克·罗杰:《哈罗德》,可可种植工人的雕塑。

际上由一名意大利裔美国人在美国创立），包装的颜色更深，且凸显了阿尔卑斯山的景观。

巧克力厂商在全球贸易中大行其道，一些"地方"产品也试图加入这一市场。荷兰的一家公司在销售冰激凌和巧克力时采用了"澳大利亚"作为品牌名，尽管这家公司和澳大利亚没有什么实质联系，巧克力上还模糊地印有"澳大利亚土著"字样。2003年，澳大利亚土著及托雷斯海峡岛民委员会对该公司表达了强烈抗议，认为这家公司剽窃了他们的文化和神圣符号。该公司则辩称，这些设计并非使用了土著人的符号标识，而是一位荷兰艺术家受到土著艺术的"启发"创作的设计。最后，该公司同意对澳大利亚土著社区提供帮助和支持，该公司与土著之间的联系终归建立了起来。讽刺的是，几乎在同一时期，澳大利亚北部地区也开始发展本土可可产业。

随着全球贸易的不平等现象日益受到关注，可可豆种植相关问题也进入公共视野。"公平贸易巧克力"

（fairly traded chocolate）是当前巧克力市场增长最快的细分市场之一。朝着公平贸易的目标迈进，也就意味着巧克力的价格会更昂贵。公平贸易强调透明的采购渠道以及与当地种植者的直接交易，这与大多数高端食品的"纯粹"和"原产地"等概念是相辅相成的。如此一来，我们便可以建立一个稳固且不断增长的利基市场（Niche Market），以求实现公平的巧克力贸易并吸引高端巧克力爱好者，该利基市场的扩张还会改善种植者的生存状况和福祉。然而，公平贸易与高端巧克力之间并不存在天然联系。我们可以轻而易举地用公平贸易可可豆来制作奇巧巧克力或土特希卷，但它们并不是什么高端吃食，人们并不情愿支付使用公平贸易的可可豆所需的额外费用。过度关注原产地对于改善行业现状而言或许是一把"双刃剑"。虽然它提高了人们对可可豆种植地的认识，而且娜曼蒂（Amedei）等几家高端厂商已经在公平贸易方面作出了重要努力，但关于"高级巧克力"来源地的讨论往往对贸易、劳工状况含糊其词，并不会特意强调。

除了公平贸易问题，与产地相关的更为严峻的问题也浮出水面。一些记者开始进行与百年前的前辈们相似的调查，结果发现，奴隶和童工仍存在于可可产业，尤其是在西非。2001年，两位美国国会议员希望能与巧克力公司一道解决该问题，并建立"无奴"（slave-free）的巧克力认证制度。《哈金安格议定书》规定在2005年7月1日前，巧克力行业内部要"发展并实施可靠的、相互接受的、自愿的全行业公共认证标准，以确保可可豆及其衍生产品的种植或加工过程中不以任何形式使用童工"。在议定书推出后不久，荷兰电视记者特尼·范·德科伊肯探访了巧克力产地，试图调查各大巧克力公司是否能保证巧克力生产过程不存在强迫劳动。答案是否定的。根据荷兰法律，以任何形式参与奴隶贸易都会受到惩罚，包括购买奴隶贸易相关产品。范·德科伊肯买了一块巧克力，然后走到警察局自首。随后，他付出了漫长的努力来收集证据和证人以起诉自

巧克力的两个世界：单源黑巧克力世界，
以及带有各国风光的白巧克力世界。

己。如此一来，荷兰当局被迫在这个问题上采取更广泛的行动，此后，这一事件引发了世界范围内的关注。但2005年7月，巧克力行业未能实现《哈金安格议定书》中的约定。

面对行动的失败，范·德科伊肯创立了自己的巧克力品牌——托尼的寂寞巧克力（Tony's Chocolonely），并且自豪地贴上了"无奴"标签。托尼的寂寞巧克力是唯一一个旨在提升人们对强迫劳动关注的巧克力品牌，但"无奴"的巧克力品牌不止它一家。巧克力包装上的"公平贸易"认证是一个好迹象，表明种植者从厂商那里获得了公平的报酬，而且也认证了人性化的劳动实践。此外，虽然非西非产可可豆可能不遵守公平贸易，但或许不会涉及强迫劳动。

好巧克力与坏巧克力

霍默·辛普森在"巧克力之乡"中的畅游经历，敏锐地捕捉到了巧克力在我们大多数人日常生活中的两极分化：它既是生活中平凡的、无处不在的味道，又是一种昂贵的、在专卖店出售的异域美食。近年来，巧克力的这种分化日趋明显，各种规模的巧克力生产商试图提供多元化产品，以满足更多消费者的定制化需求。但是，正如霍默所幻想的，两种不同的巧克力内涵深深交织在一起。

20世纪80年代中期以来，以法国法芙娜（Valrhona）和波娜特（Bonnat）为首的高端巧克力生产商开始重新将巧克力打造为奢侈品市场的美食。从那以后，关于巧克力的新学问开始进入大众知识领域，区别好巧克力和坏巧克力的新标准也建立起来了。有意模仿葡萄酒的种植和品尝文化，巧克力与咖啡、橄榄油、波旁威士忌和啤酒这些食物近年来都经历了类似的革命。巧克力的新学问强调了巧克力的各种口味、可可品种及种植地区特性，以及最重要的，对最纯正的巧克力的热爱（还有"纯正"的具体定义，这是核心）。这种学问在肖莱·杜特–鲁塞尔2005年的著作《巧克力鉴赏家》中体现得淋漓尽致。在书中，她向读者们呈现了关于巧克力的丰富知识，以帮助人们度过这场"巧克力革命"。

在探索这一学问的过程中，你会发现好巧克力是深色的、严肃的、坚定的、纯正的、正宗的、稀有的、手工的、昂贵的和健康的，一般具备天主教欧洲国家（法国和意大利）的特征。在高端巧克力领域，对巧克力源头的关注是由葡萄酒酿造过程中的"风土"（*terroir*）概念驱动的。这一趋势兴起于20世纪80年代中期，彼时波娜特的单一庄园（single-estate）巧克力问世，20世纪90年代中期，包括瑞士莲在内的数家公司，推出了单一产地（single country-of-origin）巧克力和单一种植园（single plantation）巧克力。正如18世纪的巧克力鉴赏家坚持选择加拉加斯的克里奥罗可可豆，现在的高级巧克力鉴赏家们也在辨别着来自委内瑞拉、厄瓜多尔、马达加斯加和爪哇岛，甚至是个别种植园，如委内瑞拉著名的初奥种植园的可可豆的风味。这些可可豆产地被称为"*grand cru*"（特级园，该术语彰显了产地及年份）。正如意大利巧克力品牌娅曼蒂所描述的那样：

可可豆源于各个产区，正如在特定光照和土壤环境中生长的葡萄。可可豆具有明显的个性和风味，它们是可可豆最直接和最"野蛮"的表达。各原产地的种植园诠释了如今可可豆的遗传多样性，这些可可豆最能突出不同植株的特征，它们在原产地按照严格的标准被挑选、种植和加工。

关于基因和地域特色的观念，给巧克力增添了几分浪漫主义色彩和旅人视野。娅曼蒂公司的阿莱西奥·泰谢里曾写道："当我发现一个从未被任何西方人访问过的原始种植园时，我感到壮观、美丽。我立刻开始思考，如何将它转化为一种味道或情感，将这片土地的芬芳带给任何品尝巧克力的人。"

娅曼蒂的单源巧克力，来自著名的委内瑞拉初奥种植园地。

黑魔法
巧克力小史

有机巧克力的生产商，如先驱公司绿色和黑色（Green & Black's），长期以来一直试图标明其可可豆的原产地，并传达一种风土和传统观念。美国的巧克力巨头好时公司也加入了生产有机、单一来源巧克力的新潮流，推出了可可储备系列。按照高端巧克力的标签惯例，新产品的标签以"纵向"而非"横向"的形式排列，重点列出了产地及可可含量等信息（尽管在内行眼中后一种信息是次要的）。与这些单一来源的巧克力相比，西非的可可豆虽然具有极高的丰富性，但通常被认为品质较差（丰富性并不能提升食物地位）。西非的可可豆基本都属于法里斯特罗这一个品种，这是一些专家认为西非是"品味黑洞"的主要原因。尽管如此，波娜特仍以科特迪瓦的特级可可园为特色。

委内瑞拉相对独立的初奥种植园因其悠久的历史和"纯正"的可可豆而声名鹊起。人们对于可可豆的痴迷，在委内瑞拉"瓷器"可可豆（porcelana，一种罕见的白色克里奥罗可可豆）上体现得淋漓尽致。娅曼蒂充满热情地宣称:"瓷器是一种克里奥罗可可豆,它意味着基因的纯正,它是所有可可豆的'父亲'。"尽管很可能并非出于本意,但关于这种白色克里奥罗可可的"纯正血统"的言论充斥着令人不快的色彩,白色克里奥罗可可的说法源于"纯白血统"。法芙娜也对自家在佩德雷加尔种植园的白色"瓷器"可可豆赞不绝口,他们用这种豆子制成了花朵形状的巧克力:

为了尽可能地表达巧克力的风味,我们有必要用新的形状、新的形象来塑造它们。这种感觉是转瞬即逝的,但又是肉眼可见、触觉可感的,它是如此脆弱,仿佛在提醒我们:"瓷器"树上长出繁花,只有千分之一的花朵存活下来;它脆弱的花瓣被献上,作为它古老故事的象征。

好巧克力都有着真实的故事,历史在其中扮演着重要角色。和大规模生产商一样,大多数手工匠人热衷于向顾客讲述产品的历史。巧克力生产商口中的历史，关乎探索、创新和企业扩张（无非就是"成功"二字）；而巧克力匠人和鉴赏家眼中的历史，则是与巧克力的保存、拯救和救赎有关。其中有些历史关乎可可豆和巧克力的"精髓"，它们在多年的大规模生产中已经遗失，现在其原有的精髓、味道和本源意义正在被重拾。有些则是与巧克力制作工艺本身有关。波娜特关注的是"代代相传的"工艺传统，杜特–鲁塞尔关注的是传统技艺和机械的复兴，她主张："使用传统机械时，厂商们更有可能给予可可豆应有的尊重，会尽可能多地从可可豆中提取味道，让它们的质地更具个性。"哪怕这些巧克力是新产品，相较于大规模生产的同类产品，它们更能给人一种经典、原汁原味的风味。

相反，坏巧克力拥有好巧克力不具备的全部特质：甜、淡、不纯粹、无固定产地、大规模生产、廉价、令人发胖和上瘾。这是对好巧克力的一种拙劣的模仿，但实际上，坏巧克力存在的时间更长。虽然提倡每个人在探索自己喜爱的口味时，应该描绘出自己的"巧克力画像"，但杜特-鲁塞尔却在书中花了大部分篇幅告诉读者他们不应该喜欢什么。她很清楚人们对劣质巧克力痴迷的原因："如果消费者喜欢并且坚持购买劣质巧克力，那么那些熔化了考维曲巧克力来制作巧克力的人，根本不会有动力去制作更贵的巧克力。"此外，她也细心地帮助读者避免陷入所谓的"资产阶级罪恶的消费陷阱"，毕竟高价不代表高质量。好巧克力是贵的，但不是所有贵巧克力都是好的。正如布里亚-萨瓦兰曾说的，"好的"巧克力消费者（当然在理想状况下，他们正是好巧克力的消费者）需要有足够的技能和知识来品鉴巧克力，同时又能够控制好自己的行为，不过分沉溺于巧克力。"好的"巧克力消费者是满怀热情的，他们对纯净、新奇和创新的追求成为其智力和精神的动力；"坏的"巧克力消费者是成瘾的，他们对巧克力产生生理上的渴望，因此被巧克力厂商所引诱，结果吃下一些并不是巧克力的东西。

目前的健康理念强调了巧克力好坏之间的差异。化学家和营养学家们努力探寻巧克力复杂成分背后的秘密，"越黑越好"成为人们的共识：可可的营养价值成为决定巧克力健康价值的重要因素。近年来，巧克力含有的矿物质被认为对女性有益。营养学家德布拉·沃特豪斯在其1995年的著作《为什么女人需要巧克力》中宣称女性之所以需要巧克力，是因为要满足身体对这些矿物质的真正需求。但同时，她也强调了适当锻炼和保持自律会让人们降低对巧克力中不良物质的渴求。现在，人们对抗氧化剂的健康益处的兴趣也助长了巧克力作为健康食品的复兴。绿茶、红酒，尤其是黑巧克力中都含有抗氧化剂，它们有助于防止细胞损伤。克特多金象在官网中特别强调了抗氧化剂的重要作用，并且针对性地推出了86%可可含量的黑巧克力来满足这一特殊需求。

除了健康益处，人们对巧克力消极影响的认知也在悄然发生改变。在巧克力是壮阳药的谣言被破除的同

英国的广告：显然，只有女性需要担心对巧克力上瘾。

时,优质巧克力的支持者还热衷于指出巧克力的其他副作用,如使人发胖、有成瘾性,但其罪魁祸首并非可可本身,而是各色添加剂。杜特-鲁塞尔曾简明扼要地指出:"糖是藏在巧克力中的恶魔。"糖是不可或缺的"恶魔",否则巧克力会难以下咽,而且正如我们看到的,"恶魔"似乎也是许多人享受巧克力的必需成分。

除却欣然接纳好巧克力中的抗氧化成分,生产商也在想方设法解决坏巧克力带来的不良影响,当然,他们从未停止售卖坏巧克力。以吉百利和玛氏(Mars)为代表的英国公司曾发起"善待自己"(Be Treatwise)运动。在该运动中,厂商们将"善待自己"的标志贴在包装上,并且将基本营养信息贴在背面,包括推荐的每日摄入量以及建议的每日活动量,用来抵消人们"嘴馋"的不良影响。值得注意的是,如果从广告的隐喻和排版来看的话,该运动主要面向女性。女性是巧克力的主要消费者,她们也要为孩子选择富有营养的食物。似乎人们认为女性在面对巧克力时更容易迷失,更容易偏离正确的选择。

女人、放纵与性: 超越善与恶?

　　弗里德里希·尼采曾对"好""坏"和"恶"作出著名论断。"坏"是指丑陋或劣质的美学价值,"恶"则是一种道德价值。他认为,如果我们仔细观察的话,会发现"恶"的东西往往在美学上是"好"的,正是因为"恶"能够勇敢地突破加诸"美"之上的道德枷锁。许多关于高端巧克力的学问都将"真正的"巧克力的美等同于某种基于纯洁和自律的道德美德。虽然好巧克力能取悦感官,但绝不会让你沉迷声色或发胖,也不会让你做出任何失控的事。然而,大多数关于巧克力的讨论并没有争夺这一道德高地。相反,所有巧克力都倾向于将巧克力的"邪恶"性质称为其最佳品质。这可能有些讽刺,鉴于尼采厌女的名声,这也就格外符合巧克力针对女性的营销手段。

巧克力拥有黑暗的诱惑力量，这一观点由来已久，并经历了数次变革。朗特里的"黑魔法巧克力"最初于1933年面世，它曾明确地提及了这种黑暗力量。20世纪30年代至50年代的广告显示，彼时的巧克力，是男性在追求上流社会女性时所展现的体面、精致的象征。这种由便宜货产生的对上流社会的幻想反映了那个时代背景下阶级和经济的不确定性。"黑暗力量"除了与阶级和金钱有关，也与性有关。在一则1934年的广告中，一位女士是如此用文字描绘她从情郎那里收到的巧克力的："我们就是这样傻乎乎的女人，当一个男人认为我们配得上最好的东西的时候，就会欣喜万分。不妨想象，我的梳妆台上摆着一大盒全新的黑魔法巧克力。我的天呀，每块巧克力都像是一场狂欢！"

近年来，巧克力广告不再像从前一样有"中间人"的影子了，现在的巧克力营销直接面向女性，向女性展现巧克力带给她们的快乐。近期的一则贸易领域的出版物表示，对于女性（以及公平贸易）的重视，是巧克力营销领域变革最快的趋势之一。面向女性的巧克力营销，一方面，将巧克力重塑为健康食品以呼应女性保持身材的理念；另一方面，将对巧克力的沉迷重新解读为获取自由和自我满足的方式。对于那些给自己买巧克力的女性，我们似乎不能再用单纯的"好"与"恶"来界定她们。美国公司西雅图巧克力推出了新产品"小妞巧克力"，旨在吸引那些追求自身愉悦的女性。该公司称，这些巧克力可以满足女性对甜食的渴望，并令她们开怀大笑。时尚的包装盒给人以化妆品包装盒的暗示，小妞巧克力有着便携的包装，每盒含3枚独立包装的巧克力，便于女性节食。或许，这种节食型产品赋予了女性"巧克力自由"，她们"不需要细嚼慢咽，一切随心，可以自私地享受巧克力的美好"。巧克力品牌布鲁姆斯贝里也将所谓的女性"自我放纵"作为促销热点，他们参照女性产品设计了巧克力的样式及包装。例如，外观酷似花哨肥皂包装纸的"美人巧克力块"（Beauty Bar），或有着药盒外观、名为"腰围控制"（Girth Control）

朗特里的黑魔法巧克力广告,1937
年。展示了对上流社会浪漫的幻想。

"8点之后" 巧克力广告。

的巧克力*。而通过将巧克力标为"扫帚燃料"（指女巫而不是家庭主妇的扫帚）或者用更传统的"婚姻幸福巧克力"（这种巧克力按照绝对偏颇的比例分成"他的"和"她的"），来吸引渴望获得控制权的女性。

巧克力广告中最常见的场景，便是一个女人坐在沙发上孤单而又快乐地享受巧克力。克特多金象的一则广告便展现了如此景象。一个女人慵懒地靠在沙发上，她不分享沙发，不分享巧克力，也不分享幻想，她的书垂在腰部以下，克特多金象商标的影子也落在了那里。从某种程度上来说，这些广告中的女人与18世纪的女性形象几乎没有区别，她们在闺房里睡眼惺忪地喝着巧克力，阅读着类似的小说。但是，巧克力作为女性的"搭档"，其内涵却在3个世纪里发生了变化。曾经，巧克力多为奢侈品，现在，沙发上的女性似乎正在通过吃巧克力来逃离现实。令人忧心的是，一位女士如

---

* 设计灵感源于避孕（birth control）药。

果在家里无所事事、对家务事表现得不够积极的话，仍会被贴上颓废与堕落的标签。除此之外，关于巧克力的"黑暗"、奢侈和异域风情等特质如今仍被呈现。不同之处在于，如今更多的是一种身体上的放纵，即生理需求的满足，而不再是审美意趣。

由于巧克力经常成为女性性征的化身，因此在流行文化中，巧克力成了性的替代品。得益于互联网的便利以及友人间的转发，很多人现在能列出至少10条原因，来解释为什么巧克力比男人好，或是巧克力比性来得强（它们似乎都是一回事）。多数原因其实都和巧克力的品质无关，主要在于巧克力味道好、没有生命，因此不会有自己的意愿或欲望。实际上，这个清单罗列了一系列关于男女在异性关系中体验到的相对快感的陈词滥调。巧克力也可以给人带来顶尖的口腔快感。2007年的一项研究为证实这些民间智慧进行了试验，该项目由食品生产商赞助，将一个新品牌黑巧克力作为测试对象，结果发现巧克力比热吻更能给人带来生理刺激。在不否认这项研究的科学价值的前提下，该研究说明了巧克力在我们生活中的地位，以及我们是如何将巧克力与性和身体的愉悦联系在一起的。

人们对于巧克力消费的常见刻画，不仅仅是女性追求快乐的自主权，也涵盖了那些越轨的、罪恶的愉悦。巧克力的作品和广告中，总是充斥着"罪孽""诱惑""邪恶"等字眼。如此看来，巧克力与天主教之间的联系似乎完全恢复了，但其还被赋予了新的内涵，法国巧克力品牌祖哈德的广告直白地说："这是上帝给我们的考验。"在基于琼妮·哈里斯同名小说改变的电影《浓情巧克力》中，巧克力和天主教被放在同一视角下进行讨论，但二者处于对立的两极，不似从前一般紧密地联系在一起。在电影中，巧克力并没有参与犯罪—忏悔—和解（—新的犯罪）的循环中。相反，教会试图彻底抹杀巧克力及其带来的感官愉悦，而这种态度与新教的理念非常相似。冰激凌制造商和路雪更为直白，旗下品牌梦龙的"七宗罪"系列雪糕完全针对女

《浓情巧克力》, 2000年。

性客户群。除了粉色草莓巧克力口味雪糕所代表的"色欲"，该系列还囊括了黑巧克力代表的"暴食"，以及绿色代表的"嫉妒"。但梦龙雪糕的广告和其他巧克力广告一样，并没有认为"性是犯罪"（sex is sin），而是宽泛地认为"犯罪很性感"（sinning is sexy）。此种"犯罪"，更多的是属于"放纵自己以享受感官体验"的层级，如会使人发胖，尽管我们并不知道广告中的女人到底有没有发胖。如此看来，在"善待自己"运动中，每次"善待"自己后要锻炼30分钟的建议明显带有"忏悔"的味道。

在向女性出售时，巧克力是一种满足感官和性欲的食品；而在向男性出售时，巧克力的广告与19世纪时别无二致，仍是为了满足身体的简单需求，即对食物的"雄性"饥渴。朗特里（现属雀巢）的约克巧克力棒就是一个典例。自从该产品于1976年面世开始，销售对象就一直是男性。其广告以粗犷独立的万宝路牛仔形象为特色，如卡车司机。20世纪90年代，在一则讽刺广告中，人们认为一位逃犯之所以特别机警危险，是因为他带了约克巧克力棒。吃巧克力棒的行为已经成为一种非常男子汉的举动。2001年，约克巧克力棒的广告终于开门见山地表示："这不是给女孩吃的。"约克戏称自己将走校园路线，雀巢官网也向我们保证"与今天的英伦男士产生共鸣"——该活动声称要解决男性的边缘化问题："在今天的社会中，没有多少东西可以让男人看了就说这是专门为他准备的。"那些在体育赛事期间观看广告的人（约克赞助了一些体育赛事）可能会对这种说法感到困惑，但广告的主旨还是巧克力棒作为"饥饿克星"的力量。具有讽刺意味的是，巧克力只有卖给男性时才会重点强调其分量："有5块结结实实的巧克力，这是男人尺寸的食物！"在巧克力的国度里，只有女人会变胖，而男人只是会饿。

值得注意的是，在西方世界，巧克力广告中纵情声色的片段往往仅针对白人女性。鉴于巧克力持久且明显的种族色彩，很多广告中隐含的"罪"便是异族通

向男性营销的巧克力。

婚。在广告中，巧克力一般由身着"土著"服装的黑皮肤男性献给女性，这既暗示了顺从，也激发出关于"原始的"性能力的遐想。同样地，当黑人女性与巧克力一同出现时，她们往往不是消费者，而是（在性方面）被消费的对象。1996年，祖哈德在法国的一则巧克力广告中展示了一位黑人女性，她的身体只用几块类似巧克力糖纸的金箔遮起来，而且使用了虎皮纹来突出异域风情。这位黑人女性名为蒂拉·班克斯，女性主义者们为这种物化女性的行为感到愤慨，班克斯登上了媒体头条。该广告还配有说明："哪怕你说'no'，我们也认为是'yes'。"与英美广告相比，法国广告通常涉及更多裸露的女性肉体以及更为露骨的性暗示，但在广告中公然暗示强奸，实属过分。在女权组织的强烈反对下，设计师道歉、广告下架。显然，广告中涉及的种族元素，在后续的一连串争议中几乎没有受到关注。

2006年，荷兰电视台宣布一家名为"黑人之吻"（Negro kisses）的巧克力棉花糖糖果制造商正在将名字改为"亲吻"（kisses），这是对"将巧克力比作黑人女性"这一观念的微弱反抗。舆论开始关注这一变化，但人们也不禁怀疑，这一举动是否属于对政治正确的疯狂追求？很多人的成长过程中都有巧克力相伴，但他们根本没有意识到童年甜食和诋毁种族形象之间究竟有何联系。在这一事件登上电视新闻的当晚，加勒比非洲裔新闻播报员爱丽丝·洪卡尔在播报结束时一改往日风格，在说完大部分结束语后，她顿了顿，调皮地笑了笑说："送给你们最后一个'黑人之吻'。"然后朝着镜头送来一个飞吻。根据后续舆论，反政治正确的观众认为洪卡尔和他们站在一边，而且洪卡尔本人的存在恰恰说明了黑人已经成功地融入荷兰社会，种族歧视和不平等现象已然消失不见。但该举动仍旧引发舆论哗然，当"黑人之吻"与鲜活的人联系在一起时，这个轻松的飞吻便不再轻松，其内涵变得模糊。

这种模糊，或者说这一系列的模糊，让我们得以重新审视巧克力在我们的生活中，乃至整个历史中所呈现的宏观面貌。巧克力，其面孔究竟是熟悉还是陌生；其触角究竟延伸到世界各地，还是仅限于本土区域；带给我们的究竟是羞耻的欢愉，还是对不公的漠然？关于巧克力，还有很多精彩的故事，以出其不意的方式、意想不到的时机，在我们的生命中，来义复还。我们不断构建着关于巧克力的观念与迷思，巧克力生产商娅曼蒂在这条路上走得最远，甚至远到超出其本意，并捕捉到了巧克力的多元内涵。"巧克力的理念是黑白融合的，巧克力的优美线条和弧度，展现出愉悦与逾矩的奇妙组合。我们聆听内心的声音，将巧克力的神话轻轻诉说，将童年温情与感官愉悦，溶化在口中。"

Chocolate
A GLOBAL HISTORY

食 谱

巧克力加薰衣草奶油

这种巧克力基本已经消失了。在甜食中添加草药，属于英式烹饪习惯，可追溯至中世纪，当然这种烹饪方法也可能是中东的舶来品，近来，薰衣草在食品和香水领域重返时尚舞台。要知道新大陆对可可豆之外的所有成分都是陌生的。

供8人食用。

- 250g（8盎司）砂糖
- 250g（8液体盎司）白葡萄酒
- 柠檬汁（1/2个柠檬）
- 600ml（1品脱）高脂厚奶油
- 薰衣草茎1或2段，含花
- 165g（5.5盎司）优质黑巧克力，手工制作，磨碎将糖、葡萄酒和柠檬汁在平底锅中混合。小火加热，直到糖熔化。加入奶油不时搅拌，直到混合物变稠。加入薰衣草和手工巧克力，搅拌至巧克力溶解。煮沸，继续加热20分钟，直至其变黑变稠，移除薰衣草。冷却，将成品倒入蛋糕模具或小玻璃杯中。表面用食品薄膜覆盖，放入冰箱（保持3至4天）。用薰衣草花装饰摆盘。

牛仔曲奇

巧克力曲奇已经成为美国的代名词，尽管它极富国家传统特色，却仍属较新的发明。最早的巧克力曲奇，以及现在属于巧克力曲奇的产品，均于20世纪30年代由露丝·维克菲尔德，在马萨诸塞州的托尔小屋旅店与雀巢合作研制。尽管巧克力曲奇很是新奇，但该曲奇与颇具古典气质的新英格兰殖民地传统密不可分。

牛仔曲奇是巧克力曲奇的改良版，进一步体现了美国的民族性格，额外添加的燕麦片寓意边陲生活。牛仔曲奇是巴德诺克的家庭食谱，这个家族的祖母，伊迪丝·巴德诺克在20世纪40年代的一本女性杂志中发现了这则食谱。在那个时代，这种烹饪方法很是经济实惠，今天我们很难想象有哪本食谱会使用起酥油。"牛仔"的头衔也可以说服那些不想在曲奇中吃到燕麦的孩子。

- 1杯（190g）起酥油

- 1杯（180g）黄糖

- 1杯（200g）白糖

- 2只鸡蛋

- 1/4匙发酵粉

- 1/4匙盐

- 1/2匙小苏打

- 2杯（240g）面粉

- 1杯（180g）巧克力豆

- 1匙香草

- 2杯（180g）燕麦

　　将起酥油、黄糖、白糖和鸡蛋搅拌至顺滑糊状，加入发酵粉、盐、小苏打和香草，混合。少量多次加入面粉，随后加入巧克力豆和燕麦并搅拌。在325℃下烘焙12至15分钟，或直至烤熟。

黑魔法
巧克力小史

"历史"热巧克力

这是一种混合饮料，是使用现代原材料致敬17世纪、18世纪那种再也尝不到的味道。这不是阿兹特克的热巧克力，因为我们可以保证，你找不到未精炼的可可豆；也不是南美洲风味，我们也保证，你更喜欢甜味热巧克力。它喝上去可能更像是奥斯汀参加的婚礼早餐时供应的饮品。

- 水和牛奶
- 大约30g无糖巧克力（无论如何，你最后也是要加糖的，所以这时候也可以使用含糖巧克力）
- 手工巧克力
- 肉桂皮、香草、姜和（不正宗的）豆蔻

将水、牛奶与香料一起加热煮沸后，转到小火，将豆蔻、香草豆荚、肉桂皮取出。加入巧克力，搅拌至溶解。需要时可加糖（少加糖会更"正宗"），搅拌后，方可饮用。

坩埚野味

这道古典的英伦菜肴,采用中世纪技艺,将肉与香料融合,可可的存在使其更具风味。

· 橄榄油

· 2个大洋葱或3个小洋葱

· 3瓣蒜

· 6薄片烟熏肉或非熏咸猪肉

· 1kg鹿肉粒

· 2匙纯面粉

· 300g蘑菇

· 4或5个胡萝卜

· 1或2杯可饮用红葡萄酒

· 约500ml牛肉、鸡肉或菜汤

· 1匙可可粉

· 1片肉桂皮,大约5cm

· 8至12粒丁香,根据口味酌情添加

在深口坩埚中煎炸洋葱和蒜，加入非熏咸猪肉或烟熏肉，直到质软，颜色金黄。同时，将蘑菇和胡萝卜清洗并切成薄片。将洋葱放入盘中备用，开火，将裹好面粉的鹿肉在平底锅中煎焦，直到变成棕色。转为小火，把洋葱、大蒜和烟熏肉重新放回平底锅中，加入蘑菇和胡萝卜。将蘑菇煎嫩、收汁，加入红酒和足量的汤，直至没过肉和蔬菜。加入可可粉、肉桂皮和丁香。煮沸，小火慢煨或放入低功率的烤箱中（大约130℃）2至3小时，到肉质变软但仍粘连在一起时为止。搭配米饭或烤土豆，以及冬季蔬菜一同享用。

巧克力蛋糕饼

另一种英式巧克力吃法，可根据巧克力和饼干选材的不同，或精深，或稚气，随你所想、如你所愿。消化饼干加牛奶巧克力所产生的效果，与姜汁饼干或意式杏仁饼加可可含量高的黑巧克力相比，会很不一样。添加薄荷，就好比在花盆里种薰衣草，使用传统草药却不按寻常套路出牌。暂时不要加入果脯。将蛋糕放入冰箱前，在蛋糕表层均匀地撒一些薄荷巧克力，或加一些滴有几滴薄荷油的巧克力。

- 300g饼干
- 300g巧克力
- 100g无盐黄油，切成块状
- 150g切碎的果脯，按口味选择（葡萄干经典，西梅效果佳，杏子或樱桃亦可）
- 3匙白兰地（选加）

若添加水果，将水果放至碗中，用白兰地浸泡。将饼干放入至少两个食品级塑料袋中，使用擀面杖将其碾成小块碎屑。在大号平底锅中熔化黄油，加入碾碎的巧克力。文火加热，直到巧克力熔化。将饼干碎屑和水果加入巧克力和黄油中，搅拌以融合，倒入烤盘，如有需要，压实混合物。此时，上层可以多倒一些熔化的巧克力。将烤盘放入冰箱。

巧克力松露的"一些尝试"

正如我们所见,使用原材料在家庭厨房中制作巧克力是不可能的,但我们可以探索其他原材料和巧克力的组合。如不同巧克力与不同调味料的结合:花(玫瑰、茉莉、紫罗兰)、香料(香草、豆蔻、辣椒)、草药(迷迭香、柠檬香蜂草、百里香)、水果(柑橘皮、覆盆子碎、芒果果肉)。你也可以加入咖啡、几乎任意种类的烈酒、香茶或者其他可能有奇效的东西。

- 275ml淡奶油
- 450g巧克力

将选好的调味料加入奶油,文火加热。关掉炉子,等待调味料溶入奶油,直到奶油的稳定性达到要求(不易察觉的精细味道的呈现需要20至30分钟,而辣椒、咖啡和胡椒的味道呈现时间会短一些)。

将巧克力熔化，可放在碗中，置于沸水上，或轻放入炉子中，随后使用筛子将调味奶油加入巧克力中。搅拌至完全混合，放入冰箱15分钟左右。使用茶匙将混合物制成小球，撒上优质可可粉、糖粉和香料。放回冰箱，48小时内食用完毕。

帕特里克的瓜纳哈巧克力和雅文邑慕斯

该菜谱源于帕特里克·威廉姆斯,他在英格兰坎特伯雷开办了帕特里克厨房,该厨房曾斩获大奖。帕特里克每周都会制作并销售4个批次的瓜纳哈巧克力,不出意料,该巧克力火爆异常。物尽其用才是对真正高品质巧克力的尊重!

· 300g巧克力,70%瓜纳哈巧克力

· 300g无盐黄油,细切块

· 6个中型蛋,分别放置

· 6个鸡蛋白

· 70g细白砂糖

· 40ml(1烈酒杯)雅文邑白兰地(选加)

小心地将巧克力和黄油块熔化，放置于金属或玻璃碗中，用沸水加热。熔化后，远离热源。将鸡蛋黄、60g糖、少量水放置于另一碗中。将碗放置于沸腾的水上，搅拌，直到颜色变暗、质地变稠。停止加热，倒入雅文邑一起搅拌。（该步骤的目的是将巧克力混合物和蛋黄混合物加热到相近的温度，为下面作准备。）

　　轻轻地搅拌鸡蛋黄混合物，放入熔化的巧克力，小力度、彻底混合。在干净、干燥的碗中，搅拌鸡蛋白（手工搅拌或使用机器），加入少许盐。发泡之后，加入剩余的糖，继续搅拌（糖会使蛋白轻微变硬）。将1/3的蛋白放入巧克力混合物中，搅拌，提亮颜色。小心地将剩余的蛋白置于碗底层，其上层加入熔化的巧克力（每批次操作方法相同）。用勺子移入8个小模具或1只大碗中，待其冷却，最好过夜。建议数天内食用完毕。

注　释

1　Sophie D. Coe and Michael D. Coe, *The True History of Chocolate* (London, 1996), p. 22.

2　Marcy Norton, 'Tasting Empire: Chocolate and the European Internalization of Mesoamerican Aesthetics', *American Historical Review* (June 2006), pp. 660–91.

3　Robert Latham, ed., *Diary of Samuel Pepys* (Berkeley, CA, 2000), vol. III, p. 182.

4　Marquis de Sade, *Lettres à sa femme*, ed. Marc Buffat (Brussels, 1997), p. 327 (my translation).

5　Deirdre Le Faye, ed., *Jane Austen's Letters* (Oxford, 1995), p. 243.

参考文献

Brown, Peter B., *In Praise of Hot Liquors: The Study of Chocolate, Coffee and Tea-Drinking 1600–1850* (York, 1995)

Clarence-Smith, William Gervase, *Cocoa and Chocolate, 1765–1914* (London, 2000)

Coe, Sophie D., and Michael D. Coe, *The True History of Chocolate* (London, 1996)

Cox, Cat, *Chocolate Unwrapped: The Politics of Pleasure* (London, 2003)

Doutre-Roussel, Chloé, *The Chocolate Connoisseur: For Everyone with a Passion for Chocolate* (London, 2005)

Foster, Nelson, and Linda S. Cordell, eds, *Chillies to Chocolate: Food the Americas Gave the World* (Tucson, AZ, 1996)

Harwich, Nikita, *Histoire du Chocolat* (Paris, 1992)

Knapp, A. W., *Cocoa and Chocolate: Their History from*

黑魔法
巧克力小史

Plantation to Consumer (London, 1920)

Lopez, Ruth, *Chocolate: The Nature of Indulgence* (New York, 2002)

Off, Carol, *Bitter Chocolate: Investigating the Dark Side of the World's Most Seductive Sweet* (Toronto, 2007)

Richardson, Paul, *Indulgence: One Man's Selfless Search for the Best Chocolate in the World* (London, 2003)

Satre, Lowell J., *Chocolate on Trial: Slavery, Politics and the Ethics of Business* (Athens, OH, 2005)

Schivelbusch, Wolfgang, *Tastes of Paradise: A Social History of Spices, Stimulants and Intoxicants* (New York, 1993)

Szogyi, Alex, ed., *Chocolate, Food of the Gods* (Westport, CT, 1997)

Terrio, Susan J., *Crafting the Culture and History of French Chocolate* (Berkeley, CA, 2000)

Young, Allen M., *The Chocolate Tree: A Natural History of Cacao* (Washington, DC, 1994)

文章与期刊

Special issue on chocolate, *Food and Foodways:*

Explorations in the Culture and History of Human Nourishment, XV (2007)

Few, Martha, 'Chocolate, Sex and Disorderly Women in Late-Seventeenth and Early-Eighteenth-Century Guatemala', *Ethnohistory*, LII/4 (Fall 2005), pp. 673–87

Laudan, Rachel, and Jeffrey M. Pilcher, 'Chiles, Chocolate and Race in New Spain: Glancing Backward to New Spain or Looking Forward to Mexico?', *Eighteenth-Century Life*, XXIII (May 1999), pp. 59–70

Norton, Marcy, 'Tasting Empire: Chocolate and the European Internalization of Mesoamerican Aesthetics', *American Historical Review* (June 2006), pp. 660–91

Prufer, Keith M., and W. Jeffrey Hurst, 'Chocolate in the Underworld Space of Death: Cacao Seeds from an Early Classic Mortuary Cave', *Ethnohistory*, LIV/2 (Spring 2007), pp. 273–301

致 谢

感谢马克斯和托拜厄斯在巧克力店中给予的耐心，感谢安东尼努力相信所有巧克力的存在都是有专业理由的。

萨拉·莫斯

感谢琳达·麦加维根为我们展示了来自特立尼达岛的巧克力私人收藏；感谢玛格丽特和莫尔曼·麦克唐纳慷慨地分享了他们渊博的知识；感谢弗兰克·希珀和朱迪思·舒勒分享他们在荷兰巧克力领域的学识，虽为冰山一角，但足以管中窥豹；感谢艾玛·罗伯逊指出（并发起）可可再创造项目；感谢约克博思威克档案研究所的萨拉·斯林提供的帮助，并且在照片来源方面给予的耐心支持；感谢伊迪丝·巴德诺克提供的牛仔曲奇做法。

亚历山大·巴德诺克